デザインマーケティングの教科書

井上勝雄 著

DESIGN MARKETING TEXTBOOK / KATSUO INOUE

海文堂

はじめに

　今日、近代的なマーケティング理論は、フィリップ・コトラーなどの多くの理論家によって確立されてきている。その理論は多くの実践結果を踏まえて進化してきている。その影響はデザインの分野でも無縁ではない。むしろ、近代デザインはマーケティング理論とともに誕生した経緯がある。しかし、マーケティング理論にとって、デザインのもつ情緒的な要素のために、その理論の中に位置づけが明確にされていない。

　コトラーの大著である第 12 版（1968 年に初版）という長い歴史の「マーケティング・マネージメント」でも、デザインについての解説はコラム的な内容だけである。他方、デザイナーが著作したデザインマーケティングの本はなく、デザイン関係の書籍の中のデザインプロセスの解説のところで言及する程度である。

　筆者のデザイナーとしての実務経験の中で、マーケッターと一緒に仕事をすることは多くあり、彼らとの協力なしでは製品デザインを生み出すことはできない。その重要性が増すと、デザイン部門の中でもマーケティングの考え方を組織的に取り入れることもなされてきた。

　特に、オイルショックなどで景気後退が始まり、企業が消費者のニーズに注目するようになると、ニーズを探るマーケティングだけでなく、それを具現化するデザインの力の重要性が増した。ニーズの具現化の内容次第で成功が決まったからである。マーケティングとデザインの共創の時代に入った。

　さらに、飽食の時代と情報化社会に入ると、人々の価値観がモノからコトに移り、従来のマーケティング・リサーチを実施しても、消費者の欲求を求めることができなくなった。人々が求めるものは文化的で豊かな暮らしである。それに必要なのは企業の人々の生活や社会に対する提案力や解決力である。

このような時代では、デザインを中心とした具体的な提案力や解決力が重要になってきている。マーケティングが苦手なアイデアを具体的な形に落とし込む手法であるデザイン思考のように、マーケティング理論がデザイン理論を取り入れることをはじめている。

　また、経済産業省と特許庁が公表した「デザイン経営」(2018) でも、デザインは人々が気づかないニーズを掘り起こし、事業にしていく営みでもあると捉えて、企業の産業競争力の向上には、デザインマーケティングが重要であると述べている。

　このように、マーケティング理論において、デザインの重要性が増大しているのにも関わらず、デザインから見たマーケティングの解説書がないことは、デザイナーの怠慢である。そこで、四半世紀にわたる企業でのデザインの実務を経験した筆者が、大学での研究活動の経験も踏まえて、今後のデザインマーケティング理論のたたき台となる本書を企画した。

　本書では、コトラーのマーケティング3.0 と、アメリカマーケティング協会の定義をもとにした嶋口・石井による3つの枠組みをベースに、デザインマーケティングを3つに分けて解説した。つまり、2章の「製品重視のデザインマーケティング」、3章の「顧客志向のデザインマーケティング」、4章の「人間中心のデザインマーケティング」である。3章と4章は筆者のデザイン実務での経験と研究結果を踏まえて論じた。

　さらに、5章では、デザインの視点からどのようなマーケティング・リサーチが必要かについても解説した。そして、デザインに特化した定量的なマーケティング・リサーチ手法として、筆者の提唱する「感性デザイン」の考え方を6章で解説している。

　最後の7章では、今日のICT化の進んだ時代、ユーザーは使いやすくて楽しいスマートフォンなどの情報通信端末を求めている。このようにデザインマーケティングでより重要になってきたインタフェースデザインについて解説した。

本書の対象読者は、現場のデザイナーやマーケッターを対象にしているだけでなく、これからデザインやマーケティングを学ぼうとしている学生も強く意識している。また、デザインやマーケティングと関係のある経営者やサラリーマンにも読んでいただけるような比較的平易な内容にしてある。したがって、本書はデザインマーケティングの教科書と呼ぶべき内容になった。

　なお、デザインにより関心のあるデザイナーや学生には、姉妹書の「インタフェースデザインの教科書」（丸善出版）も合わせて手に取って読んでいただきたい。また、内容の理解を深めるためにも、本書で説明に用いた製品デザインはインターネット検索で実物の写真を確認することを推奨する。

　最後に、共同研究者の広川美津雄（東海大）と関口彰（元広島国際大）の各教授に多くの支援を頂き厚く感謝の意を表す。また、貴重な助言と資料提供を頂いた高橋克実氏（株式会社ホロンクリエイト）にも、そして、三菱電機（株）デザイン研究所時代の多くの同僚にも謹んでお礼を申し上げる。

　また、姉妹書とブックデザインを統一するために丸善出版のご承諾も頂きお礼を申し上げる。さらに、本書を出版するにあたって尽力して頂いた海文堂出版の岩本登志雄氏にも心から感謝を申し上げる。

2019 年 9 月

井上　勝雄

目　次

1　マーケティングとデザイン　　　　　1

1.1	マーケティングはデザインが必要	2
1.2	マーケティングの定義とその変遷	4
1.3	マーケティングの3つのパラダイム	7
	刺激–反応パラダイム	8
	交換パラダイム	9
	関係性パラダイム	10
1.4	コトラーによるマーケティング変遷の考え方	12
1.5	芸術運動とデザイン	16
	芸術の分析と総合	17
	芸術と工業技術の融合	20
	機能主義のデザイン	24

2　製品重視のデザインマーケティング　　　　29

2.1	デザインと関係するマーケティングの誕生	30
2.2	商業主義のデザイン	31
2.3	流行とデザイン	34
2.4	日本のデザイン振興	37
	デザインの啓蒙	37

グッドデザイン商品選定制度	40
文化としてのデザイン活動	45
デザインの役割と組織化	47
2.5 製品重視のまとめ	50

3 顧客志向のデザインマーケティング

53

3.1	デザイン組織の変革	54
3.2	近視眼のデザインマーケティング	56
3.3	リフレーミングのデザイン	59
3.4	イノベーター理論とデザイン	61
3.5	イノベーターを対象にしたデザイン	66
3.6	バーティカル・マーケティング	71
3.7	「デ・デザイン」と心理学的効果	76
3.8	製品の価値構造とデザイン	79
3.9	スケルトンデザインの流行	83
3.10	機能をマイナスするデザイン	86
3.11	マーケット・クリエーション	91

4 人間中心のデザインマーケティング

93

4.1	多様化する人々の価値観	94
4.2	デザインで社会問題を解決する	96
	ユニバーサルデザインの誕生	97
	ユニバーサルデザインの製品化	98

コクヨのデザインマーケティング戦略 _____ 99

ユニバーサルデザインの開発事例 _____ 101

キッズデザイン _____ 103

4.3 日本文化に根差したデザイン _____ 104

感じ良いくらしの提案 _____ 104

デザインを否定したデザイン _____ 106

マツダの魂動デザインに見る日本美 _____ 107

4.4 情報のデザイン _____ 109

直感的なインタフェースデザイン _____ 109

コンテンツビジネス _____ 111

新しい価値に対応したデザイン _____ 113

デザインによる囲い込み（CRM） _____ 116

4.5 サービスや経験を演出するデザイン _____ 117

経験産業論と経験価値 _____ 118

サービス・ドミナント・ロジック _____ 119

リカーリングモデル（ジレット・モデル） _____ 121

4.6 人間を中心にしてデザインを発想する _____ 122

折る刃式カッターナイフ _____ 122

論理思考とデザイン思考 _____ 124

デザイン・ドリブン・イノベーション _____ 128

4.7 ユーザーエクスペリエンスと感性価値 _____ 129

ユーザーエクスペリエンス _____ 129

感性工学 _____ 131

体験設計 _____ 133

5 デザインのためのマーケティング・リサーチ 139

- 5.1 リサーチの3段階進化説 140
- 5.2 デザインにおけるSTP分析 142
- 5.3 コミュニケーション心理学とマーケティング 145
  - ジョハリの窓と定性調査 145
  - マーケティングコミュニケーション・マトリックス 148
- 5.4 観察による潜在ニーズの解明 150
  - インサイト 151
  - エスノグラフィー 154
- 5.5 行動分析による潜在ニーズの解明 155
  - 行動デザイン 155
  - ジョブ理論 157
  - タスク分析 159
  - ラダリング法 161
- 5.6 インターネットによるリサーチ 162
  - 賢くなった消費者 163
  - オンラインコミュニティリサーチ 164
  - クラウドファンディングによる受容性評価 166
- 5.7 トレンド情報の収集 168

6 感性デザインとマーケティング 173

6.1	デザインの審美性	174
6.2	顧客の認知評価モデル	176
6.3	イメージと認知部位の抽出	178
6.4	特徴の抽出法	181
6.5	認知評価構造の分析手法	185
	態度とイメージの関係分析	186
	イメージと認知部位の関係分析	187
6.6	分析結果の検証と創造性	191
	デジタルカメラの事例における検証	192
	創造性を加味する方法	193
6.7	顧客満足を用いた UX デザイン	196
	ユーザーエクスペリエンスの定義	196
	CS ポートフォリオ分析	197
	CXS 分析法のプロセス	198
	事例研究	199
	CXS 分析法の展開	203

7 インタフェースデザインとマーケティング 205

7.1	情報化社会のマーケティング	206
7.2	人間の認知モデル	207
7.3	インタフェースデザインの設計手法	210

7.4	感情とコンテンツ型インタフェース	214
7.5	見た感じ使いやすそうなデザイン	215
7.6	直感的なインタフェースデザイン	217
7.7	使いたくなるインタフェースデザイン	219

付　録	221
参考文献	222
索　引	227

1

マーケティングとデザイン

DESIGN MARKETING TEXTBOOK

1.1　マーケティングはデザインが必要

　今日、アップルやソニーの例を挙げるまでもないが、マーケティングはデザインを必要としている。つまり、デザインは、マーケティングにとって強力な武器のひとつである。また、マーケティング理論の一部がデザインの手法にも取り入れられてきている。逆に、最近では、デザイン思考やユニバーサルデザインなどの考え方が、マーケティング理論にも影響を与えてきている。

　一方、デザイナーの中で、デザインにはマーケティングはいらないと言う人もいる。それもデザインとマーケティングの関係を理解するうえで貴重な指摘である。このことは、後述する章で述べるデザインとマーケティングの歴史の中で詳しく解説する。

　ハーバード・ビジネス・レビューに代表される経営学の考え方がマーケティングやデザインにも影響を与えてきている。そのため、マーケティングの領域が拡大して、デザインとマーケティングの関係を理解することをさらに難しくしている。さらに、最近では、心理学や文化人類学の考え方がマーケティングにも導入されてきている。もちろん、各時代の価値観の変化もデザインとマーケティングの関係に大きな影響を与えてきている。

　ところで、デザインは大別すると、製品のデザイン（プロダクトデザイン）と情報のデザイン（グラフィックデザイン）、空間のデザイン（建築デザイン）の分野がある。この中でマーケティングと最も関係の深いのが、生産活動をベースにしたプロダクトデザインである。

　グラフィックデザインも広告宣伝と深く関わっているのでマーケティングとは関係がある。本書ではプロダクトデザインとマーケティングの関係を中心に、デザインマーケティング論を進める。

　なお、このプロダクトデザインは、別名、インダストリアル（工業）デザイン

や製品デザインと呼ばれている。以降は、特別な場合を除き、プロダクトデザインをデザインと略して表記する。

デザインの語源は、デッサン（dessin）と同じく、「計画を記号に表す」という意味のラテン語（designare）である。 つまりデザインとは、ある問題を解決するために思考・概念の組み立てを行い、それを様々な媒体に応じて表現することと解される（Wikipedia より）。

つまり、デザインのエッセンスとは、表面的な美しさを整えるだけなく、どのように課題を解決していくかを計画・設計することである。さらに、デザインは課題解決の単なる計画ではなく、田子學が指摘する「ゼロから1」を生み出すための創造的な計画である必要がある。

あくまでデザインは問題解決のための手段であり、その設計に適した見た目（外観）であることが重要である。単に見た目の美しさだけでデザインした場合、とても使いにくい製品になることもある。

他方、マーケティングとは、企業などの組織が行うあらゆる活動のうち、「顧客が真に求める商品やサービスを作り、その情報を届け、顧客がその価値を効果的に得られるようにする」ための概念である。また顧客のニーズを解明し、顧客価値を生み出すための経営哲学、戦略、仕組み、プロセスを指す（Wikipedia より）。

もう少し簡潔に要約すると、顧客が求める価値の解明と、それを提供する仕組みづくりである。この価値は社会環境や価値観の変化により動的に変わってきている。その変化に伴いアメリカ・マーケティング協会（以降 AMA と表記）のマーケティングの定義も変遷している。明確に分けられるわけではないが、価値の解明がマーケティング・リサーチなどの分野で、提供する仕組みづくりをマーケティング・マネージメントの分野が担っている。

主に、デザインは提供する仕組みづくりに関係している。デザイン部門は、企業組織において、初期段階では設計部門に属していた。次第に、デザイナーの持つ表現力や問題解決能力が評価されて、商品企画にも関与するようになっ

た。最近では、新しい価値の解明にもデザインアプローチが有効であることが多くの事例から評価されるようになってきている。

1.2　マーケティングの定義とその変遷

　マーケティングは、1880年代にアメリカで始まった。農産物の流通問題を発端として誕生したとも言われている。その後、製造業と小売業との間の販売仲介役として台頭してきた。つまり、製造した製品をどのように売るのかを考えるのが初期のマーケティングの考え方であった。

　また、1870年の帽子の流行調査や、1879年に広告代理店が実施した新聞の普及率調査が初期のマーケティング・リサーチである。そして、1908年のフォード自動車の大きな成功例から、デザインとも関係する生産主導型や販売主導型マーケティングが誕生した。

　それから発展の時間を経て、1937年には前述のAMAが設立された。マーケティングの考え方は自由社会のアメリカから誕生したためか、マーケティングの定義にはさまざまなものがある。その中で代表的なのが、1960年に発表された第1回目のAMAのマーケティング定義（表1.1上段）である。

　この定義からわかるように、生産物の消費者への流れを示しているだけで、その内容については説明していない。その内容の詳細については、参考文献[1]に譲るが、1950年代には、デザイン分野でも広く知られているジョーン・ディーンの「製品ライフサイクル」やウェンデル・スミスなどの「市場細分化の理論」（STP分析に発展）など、今日のマーケティング論の基礎となる提案がなされている。

なお、製品（プロダクト）ライフサイクルとは、3章の図3.6に示すように、製品が、導入期から成長期、成熟期、衰退期へと4つの段階を経るという理論で、それぞれの段階でデザインの内容が大幅に異なってくる。なお、詳細は3章で解説する。

デザインが最も活躍するのは、機能や価格で差別化が困難になった成熟期である。T型フォードは導入期から成長期にかけて成功したが、多くの人が自動車を持つようになった成熟期に入ると、GMは消費者の所得と好みに合わせたラインナップによるデザインマーケティング戦略を発案した。今日でも機能や価格での差別化が難しくなると、新しいデザインによる差別化戦略が広く行われている。

表1.1　AMAのマーケティング定義の変遷

1960年	マーケティングとは、生産者から消費者または使用者に向けて製品及びサービスの流れを方向づけるビジネス活動の遂行である。
1985年	マーケティングとは、個人と組織の目標を満足させる諸交換を創造するため、アイデア、財、サービスのコンセプトづくり、価格設定、プロモーション、流通を計画し実行する過程（プロセス）である。
2004年	マーケティングとは、組織とそのステークホルダー（利害関係者）両者にとって有益となるように、顧客に向けて「価値」を創出・伝達・提供したり、顧客との関係性を構築したりするための組織的な働きとその一連の過程である。

次に、ニール・ボーデンが有名な「マーケティング・ミックス」という言葉を生み出した。その考え方を発展・整理して、1960年にはジェローム・マッカーシーによる「4P理論」（Product/ Price/ Promotion/ Place）という売り手側の視点の枠組みを生み出した。さらに、後に不足していたサービス系を考えて、「4P」とは別に、「3P」（Personal/ Process/ Physical Evidence）を加え、「7P」の提言もなされている。以上のマーケティング活動の全体像が図1.1となる。

次に、前述のAMAのマーケティング定義が、25年後の1985年に社会の景

1章　マーケティングとデザイン

気後退などの大きな変化にともない、表 1.1 中段のように改定された。第 1 回目上段の定義と比較して、専門家以外にはわかりづらい表現になっている。そこで、これを補足すると、この定義には次のような特徴がある、つまり、「交換」の概念を中心に据えることで、マーケティングをより包括的に捉えようとしている。このことは、売り手の一方的な働きかけではないことを表している。この「交換」とは商取引では営利組織の企業が提供する製品やサービスと、消費者が支払う代金や料金とが交換されることを指している。

つまり、以前の定義は生産者側だけの視点であったが、新しい定義は、売り手（生産者）と買い手（顧客）の両方の視点になったことを意味する。

前述の 4P の売る側の視点から、買う側の視点へと進化を遂げたマーケティングの考え方である「4C」が、1993 年、ロバート・ローターボーンによって提案された。表 1.2 に示すように、売り手側の 4P と買い手側の 4C とは対応関係があることを提言している。

2004 年のマーケティング定義の改定は、表 1.1 下段に示すように、既に述べたように、顧客との「関係性」の概念が特徴である。これは後述する関係性パラダイムに強く反映されている。代表的な理論として、インターネットを

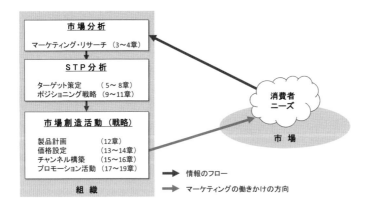

図 1.1　マーケティング活動の全体（各章はコトラー & ケラーの参考文献 [1]）

用いて顧客ごとの情報を集めて分析を行い、長期的視点から顧客と良好な関係を築くことで収益の拡大を図るための一連の仕組みを指す CRM（Customer Relationship Management）の「顧客関係性マネジメント」がある。

　この顧客関係性の考え方はわかりやすい例で示すと、京都の祇園のお茶屋さんや高級料亭などで使われている「一見さんお断り」の経営システムに例えられることがある。また、新しい価値の創出の記述からも理解できるように、4章で解説する感性価値も示唆されている。

表 1.2　売り手側の 4P と買い手側の 4C の対応関係

4P（製品視点）	対応	4C（顧客視点）	内容
Product（製品）	⇔	Customer Value（顧客にとっての価値）	その製品・サービスが顧客にとってどんな価値をもたらすか
Price（価格）	⇔	Cost to the Customer（顧客の負担）	その価値を手に入れるのにどれだけのコストが掛かるか
Promotion（販売促進）	⇔	Communication（コミュニケーション）	企業側のメッセージが正確に消費者に届いているか、逆に顧客の声が企業に届いているかという観点
Place（販売ルート）	⇔	Convenience（入手の容易性）	近くのどこの店にもあるものやネットで 24 時間入手可能など

1.3　マーケティングの3つのパラダイム

　AMA のマーケティングの定義は、前述のようにその解釈がやや難解である。そのため、語句などの解説では、デザインとマーケティングの関係を理解し難い。そこで、その定義の背後にあるパラダイム、つまり認識や考え方の枠組み

について、嶋口・石井による3つの枠組みで説明をする[2][3]。なお、表1.1の3つの定義と、次の3つの枠組み（パラダイム）は対応関係がある。

刺激－反応パラダイム

　従来のマーケティングの定義は、売り手としての企業が買い手としての市場に向けて何らかのマーケティング的な刺激を打ち出し、市場から購買に対して反応を引き出そうとする「刺激－反応パラダイム」という関係に近いものであった。

　この考え方のもとでは、買い手は主体性がなく、製品・価格・広告プロモーションなどのマーケティングの刺激に、「パブロフの犬」のように反応する存在とみなされている。

　実験心理学者のパブロフ博士が飼っていた犬にベルを鳴らしてからエサを与えるということを毎日繰り返すと、ベルを鳴らしただけで、エサをやらなくても犬は食事の時間と思ってよだれを垂らすというのが「パブロフの犬」の意味である。

　これと同じように、買い手というのは主体性がなくて、メーカー側が「いい製品が出ましたよ」と提示すると、買い手は飛びつくという構図である。また、新しいデザインの製品が販売されると、そのデザインに魅力を感じて購入するというタイプである。

　戦後のモノ不足やあるいは高度経済成長期によく見られた、「隣がカラーテレビを買ったので、我が家もカラーテレビを買う」という現象は刺激－反応パラダイムで説明できる。しかし、これはかなり以前の考え方である。この刺激－反応パラダイムによるマーケティングの考え方は、各種メディアを通じて、買い手が商品やサービスの情報を持ち主体的な購買行動をする現代社会ではほとんど通用しないモデルである。

　さらに、継続的な需要創造も困難である。しかし、技術者や開発設計者の中

には、今日でも、この刺激－反応パラダイムで考えている人が少なくなく、その認識の変換が求められる。

交換パラダイム

これに対してAMAの1985年の新しい定義（表1.1中段）は、「交換を創造」とあるように、「交換」の概念を中心にして定義している。交換とは、売り手が買い手に対してのベネフィット、別の言葉では、価値物あるいは価値のあるもの、マーケティングでは特にマーケティング・オファー（マーケティングで提供するもの）ともいうが、これを提供して、買い手はその対価としてお金を支払うことである。

一方、買い手は、価値物を対価と交換して手に入れることで買い手にとっての価値が生まれる。価値物を手に入れることにより、満足でなかった買い手が満足する、あるいはより満足するという意味である。これが「交換」による需要創造活動で、交換パラダイムと言われるものである。このパラダイムの新しい価値の創造に対してデザインへの期待が高まった。

つまり、「交換」を通じて何らかの満足価値を市場に提供ないし創造し、その見返りとして存続・成長の糧を得る企業の活動こそ、現代のマーケティングの基本問題といえる。AMAの新しい定義の意味するところは、このような理由で特に重要であると考える。

このように、企業のマーケティングに対する考え方は、刺激－反応パラダイムから交換パラダイムへと移行してきており、そのマーケティング活動は、「交換」による需要創造活動と言われている。なお、企業などの商取引の組織だけでなく、協同組合や大学などの非営利組織もマーケティングの対象になることを、この新しい定義では示している。

関係性パラダイム

　経済学的な視点からは、交換パラダイムはきわめて合理的な考え方であるが、先進国の経済の中では、継続的に需要を創造し続けることがかなり困難になりつつある。その理由は交換パラダイムでは、売り手が買い手にとっての価値を、次から次へと発見し続けることができるという壁（前提）があるからである。

　そこで、このようなビジネス世界の現実を反映した継続的な取引を目指す、「関係性パラダイム」が注目された。これは、交換を基軸としながらも、売り手と買い手を一体化した関係としてとらえ、協働しながらともに新しい価値を作り上げていこうとする枠組みである。

　この関係性パラダイムによるマーケティングは、関係性マーケティング、リレーションシップ・マーケティング、ワン・トゥー・ワン・マーケティング、インタラクティブ・マーケティングなど各種の呼ばれ方がある。なお、表1.1下段のさらに新しいマーケティングの定義の中でも「顧客との関係性を構築」とあるように、この関係性マーケティングが新しい方向性であることを示唆している。

　従来のマス（大衆）を対象としたマス・マーケティングでは、市場シェアの拡大を図ることが中心的な課題であり、新規の顧客の獲得が基本的な戦略であった。1つの製品をできるだけ多くの顧客に売ろうとするため、顧客の数量で勝負していた。

　これに対して、関係性パラダイムでは、やみくもに市場シェアの拡大を図るのではなく、顧客シェア、つまり自社製品に対する個々の顧客の依存率を高めることが中心的な課題で、新規の顧客の獲得よりも既存の顧客の維持の方が基本戦略とされる。つまり、1人の顧客にできるだけ多くの商品を買ってもらうため、「顧客の質」が問題になる。

　新規の顧客1人を獲得するために必要な投資額は、既存顧客1人を維持するコストに比べれば5～6倍とかなり割高になると言われている。そこで、顧客との長期的な「関係づくり」を重視して、顧客維持のための仕掛けと組織づく

りを図る必要がある。そして、顧客の生涯を通じた信頼と愛顧を獲得し、その顧客の自社に対する生涯価値（ライフタイム・バリュー、顧客が生涯の間に自社にもたらす全利益）を最大化する。

「全売り上げの80％は、全顧客の20％でしかないヘビーユーザーの反復購入による」とよく言われる。一見（いちげん）の顧客から得意客、つまり反復購買する顧客に進化するように「関係づくり」の努力を行う。さらに、得意客から、支持者、代弁者を経て、最終的にはパートナーへと質的な進化を遂げるとともに、企業へのロイヤルティ（忠誠度）や親密感が増し、生涯価値も高まるという考え方である。

以上に説明した刺激−反応パラダイムと交換パラダイム、関係性パラダイムの関係を比較した表1.3を作成した。このように現代のマーケティング環境は、大きな流れとしてはこの順にシフトしつつある。しかし、交換パラダイムの後が、関係性パラダイムだけであるかどうかは疑問が残る。

4章でも詳しく説明するが、関係性パラダイムの背景には、モノからコトへの価値の変化がある。そのことに関する経験価値や感性価値などの多くの新しいタイプの価値の提案が始まっている。このことは、今日、デザインの対象がモノからコトへ移行していることと符合する。つまり、マーケティング側としては、デザインの力によるコトの提案を期待している。

表1.3　マーケティング・パラダイムの変遷

	刺激−反応パラダイム	交換パラダイム	関係性パラダイム
主　体	売り手中心	買い手中心	両者中心
取引方向	一方的	双方的	一体的
取引思想	統制	適応	共創
買い手の位置	反応者	価値保有者	パートナー
時間的視点	短期	短・中期	長期
中心課題	プロモーション	マーケティング・ミックス	関係マネジメント

1.4 コトラーによるマーケティング変遷の考え方

　この3つのパラダイムと同じような考え方に、フィリップ・コトラーの「マーケティング3.0」がある[4]。マーケティングの変遷という視点から、マーケティング3.0の考え方について解説する。

　まず、大量生産の工業化時代のマーケティングを「マーケティング1.0」とコトラーは呼んでいる。彼の説明を用いると、この時代のマーケティングは、工場から生み出される製品をすべての潜在的な消費者に売り込むことであった。製品は大きな市場向けに設計されていた。そして、規格化と生産規模の拡大によって、製品価格をできる限り低減し、その結果、安い価格でより多くの消費者に買ってもらおうとした。

　当時のマーケティングは、財務や人事とともに生産を支えるいくつかの重要な機能のひとつであった。マーケティングの最も重要な役割は製品に対する需要を生みだすことであった。マッカーシーの4P理論は、当時の製品管理の一般的な業務内容、つまり、製品化の開発、価格の決定、プロモーション、流通先の手配を簡潔に表現したものである。1950年〜60年代にはビジネスが上昇基調にあったことから、マーケティングに求められていたのは、そのような戦術的な指針だけであった。

　そして、1970年代の石油ショックによる景気後退と物価高で、アメリカ経済だけでなく先進国の経済も打撃を受けると、工場も含めて経済成長はアジアの途上国にほとんど移って行った。その結果、1980年代を通じて不確実性が増大して、需要を生みだすことがこれまでよりも困難になった。需要が著しく不足し、4P理論では対応できなくなった。消費者は購買についてより賢い判断をするようになった。多くの製品が、明確なポジショニングを持たないため、消費者の心の中でコモディティ化（独自性がなく他の製品で容易に代替え

できる製品）していった。

　製品の需要を刺激するために、マーケティングは戦術から戦略へと進化した。効果的な需要創出のために、マーケティング活動は「製品」に代えて「顧客」を中心に捉えるべきであるとマーケティング専門家は考えはじめた。そこで、セグメンテーション、ターゲティング、ポジショニング（STP）などの戦略を含む顧客管理の考え方が導入された。このように製品よりも顧客に注目することで、マーケティングは戦略的になった。この戦略的マーケティングのモデルの導入は、近代マーケティングの誕生を意味している。これが、マーケティング 2.0 の出発点である。

　1989 年のパソコンのビジネスへの登場、それに続くインターネットの誕生、そして ICT の時代に入ると SNS による人々の交流が進み、消費者は多くの人とつながるようになり、その結果、十分な情報を持つようになった。これらの変化に対応するために、マーケティング専門家はマーケティングの概念を拡大して、人間の感情に焦点を当てた。

　つまり、機能や性能以外の価値を求めるようになった。どのようなビジョンで作られたか、どのような社会貢献ができるのか、さらに、どんな世界を作りたいかなどの人間性が重視され精神的な価値が主体となった顧客との価値共創が重要となった。

　このことから、エモーショナル・マーケティング、経験価値マーケティング、ブランド資産価値などの新しいコンセプトが導入された。そして、顧客のハートに訴えることが必要になった。コトラーは、この時代のマーケティングのコンセプトは、ほとんどがブランド管理の考え方を反映したものと著書の中で述べている。

　そして、コトラーはこのマーケティング 3.0 は、協働マーケティング、文化マーケティング、スピリチュアル・マーケティングの融合であると述べている。つまり、人間中心的なマーケティングとみなすことができると考える。

　この人間中心的なマーケティングに注目が集まると、「良い－悪い」という

理性的な判断にもとづくのではなく、「好き－嫌い」という感覚や気分に基準をおいて、商品やサービスを消費することを指す「感性消費」という言葉も生まれた。このため、製品やサービスにおいても、人間の感覚や感性を問題にすることが多くなっており、感性マーケティング、感性工学、感性商品、感性デザイン、感性品質、感性評価などの用語が頻繁に登場するようになっていった。

ところで、2014年にコトラーはマーケティング3.0の延長上として、4.0の「自己実現のマーケティング」も提唱している。自分らしくいられるか、また自分を高めてくれるブランドや商品・サービスであるかどうかという視点が重視される。つまり、提供される価値が顧客の理想とする価値観や精神的な価値と一致し、自己実現の欲求に訴えかけることが求められる。

以上を要約すると、コトラーは、マーケティングは製品管理から顧客管理、

表1.4 製品中心・消費者志向から価値主導へ（マーケティング3.0）

	マーケティング1.0	マーケティング2.0	マーケティング3.0
	製品中心の マーケティング	消費者志向の マーケティング	価値主導の マーケティング
目的	製品を販売すること	消費者を満足させ、 つなぎとめること	世界をよりよい場所に すること
可能にした力	産業革命	情報技術	ニューウェーブ技術
市場に対する企業の 見方	物質的ニーズを持つ マス購買者	マインドとハートを持つ より洗練された消費者	マインドとハートと精神 を持つ全人的存在
主なマーケティング・ コンセプト	製品開発	差別化	価値
企業のマーケティング・ ガイドライン	製品の説明	企業と製品の ポジショニング	企業と製品ミッション、 ビジョン、価値
価値提案	機能的価値	機能的・感情的価値	機能的・感情的・ 精神的価値
消費者との交流	1対多数の取引	1対1の関係	多数対多数の協働

ブランド管理（価値主導）という3つの大きな柱を軸に発展してきたと述べている。それらをマーケティング 1.0 から 3.0 と命名した。この内容を表にしたのが表 1.4 である。筆者が、この流れをもう少し平易に表現すると、プロダクト重視のマーケティング（1.0）、顧客志向のマーケティング（2.0）、人間中心のマーケティング（3.0〜）となる。

この流れが示すように、マーケティングの考え方がデザインの考え方に近づいてきたと考える。つまり、デザインが目指す人々の暮らしや社会をより良いものにするという考え方に、マーケティング理論が近づいてきていると言える。

以上のように、「刺激－反応パラダイム」から「交換パラダイム」を経て、「関係性パラダイム」へとマーケティングが変遷した流れを説明した。また、コトラーのマーケティング 1.0 から 3.0 までの変遷も同じ流れである。しかし、それぞれの3番目の変遷の内容は、現在進行形であるので、新しい視点からの研究が進んでいる。

本書では、マーケティングの AMA 定義と3つのパラダイム、コトラーの考え方を踏まえて、2章で「製品重視のデザインマーケティング」、3章で「顧客志向のデザインマーケティング」、4章で「人間中心のデザインマーケティング」と分けて解説する（図 1.2）。

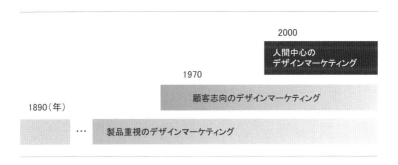

図 1.2　デザインマーケティングの展開

1.5　芸術運動とデザイン

　これまでマーケティングがどのように誕生し発展してきたかを解説したが、ここでは、同じように、デザインについても解説する。デザインは応用芸術という別称があるように、芸術がその母体である。芸術とは何かということについてはいろいろな諸説があるが、デザインと関係して述べるなら、社会的な価値を創造する行為である。

　誰もが知っている芸術家のピカソは、それまでの美の常識を根本から覆し、新しい美の価値を創造した功績により天才と呼ばれている。このピカソは、個人的な内省から価値を創造しただけではなく、彼の育った社会的な環境、特に当時の哲学的な思想から影響を受けて、抽象芸術に大きな影響を与えた造形に時間の概念を加えた新たな芸術手法を生み出した。その基になったのが要素還元主義の哲学である。

　20世紀の初頭を跨いで広まった科学的な考え方の中核は哲学者のデカルトによる要素還元主義である。例えば、19世紀の最大の発見の一つに、化学の基礎をなす元素記号で有名な周期律表があるといわれている。この考え方は、分析的な思考から物質をこれ以上細かく還元できないところまで分けた水素やヘリウムなどの元素を発見し、その分類表としての周期律表を見いだすというプロセスである。

　この分析的な過程によってもたらされた成果により、逆に、その表の中の元素を組み合わせ合成すると、自然界にある物質だけでなく、まったく新しいもの（化合物）を創り出すことができる。つまり、この総合化の過程がもう一つの大きな成果も新たにもたらしてくれるのである。

　今日、山中伸弥教授が発見したiPS細胞による再生医療・創薬の研究が大きな発展をしている生命科学（Life Science）も同じ考えにもとづいている。20

世紀の後半に発見された DNA の螺旋構造によって、多くの生物の遺伝子情報が解読され、まったく新しい生物を創り出せる知識と技術を人類は持ったのである。このような要素還元主義の分析と総合化のアプローチは科学技術だけでなく、芸術の分野でも大きな影響を与えて、その過程を経て近代デザインの考え方が誕生した。

芸術の分析と総合

　要素還元主義の考え方が芸術（絵画）にどのように影響を与えたかというと、始まりは、産業革命の成果を情報交換するロンドンで開催された第 1 回の万国博覧会（1851 年）に展示された写真機の登場である。当時の西洋絵画の芸術家の表現は見たままを忠実に表現する遠近法と明暗法による写実主義の考え方が中心であった。

　見知らぬ土地の風景画や、個人的な肖像画や宗教や歴史的な物語などをベースにした作品、複数の依頼者の集合写真的な絵画の制作で生計を立てていた芸術家も多くいた。しかし、写真機の登場によりこの写実主義の考え方は根本から覆ることになったのである。彼らは絵画とは何かということを本質的に問われることになった。

　この衝撃が若手の芸術家たちに大きな知的な刺激を与え、モネの作品「印象、日の出」に代表される印象主義という形式で実験的な絵画が試みられた。彼らは写真機の光を銀板化合物に露光するという原理を分析的に捉え、人間に物体を知覚させる光とは何かについて考え、光をテーマにした各種の作品を制作し、その芸術家のグループは印象派と呼ばれた。後期印象派になると、テレビのブラウン管の表示原理の三原色を連想させる点描の手法へと分析的に発展した。

　まだその印象派では試行錯誤の段階であったが、印象派を引き継いだセザンヌを代表とする「形」だけに注目した立体派（キュビスム）になると、要素還元主義の考え方が極めて明確に作品の中に表れる。彼らはまず形を分解し細分

化して基本的な造形要素に還元しはじめる。

　セザンヌは作品の説明の中で「風景は球と円錐、円柱により構成されている」と述べるようになり、化学の周期律表のイメージまで到達する。そして、彼らはその基本造形要素の考え方を用いて絵画の総合化（分解された要素を総合化して新しいものを創る行為）を行い、新しい考え方の実験的な作品を創りはじめた。

　一方、印象派から形だけを取り出した立体派に対して、色彩だけを取り出した野獣派（フォービスム）の運動も展開された。ゴッホを経て色彩の魔術師といわれたマティスへと引き継がれ、この流れを継承した多くの芸術家によって色彩の基本色である原色をベースにした強烈な実験的作品が多く制作された。

　しかしこれらの流れに対して、当時の伝統的で保守的なサロン芸術からは大きな拒否反応が起こった。新しい芸術家たちが求めようとした後半の総合化へ向かうためには避けることのできない絵画の分解の分析過程、つまり、破壊の過程の混乱だけに目を奪われた保守的な人たちから拒絶された。

　また、絵画だけでなく彫刻などの多くの分野でも、既存芸術の否定を徹底した未来派やダダイズムの活動家などによって芸術の解体が広く起こった。

　立体派も野獣派も絵画の分析では大きな成果をもたらしたが、総合化においては成功したとはいい難かった。基本要素をただ組み合わせただけでは新しい創造的な作品は作り出せなかったのである。

　彼らの運動を発展させたのが構成主義である。その代表であるカンディンスキーは音楽的な考え方を総合化のための中心的な原理として導入した。音楽的な伝統文化をもつロシア出身の彼の作品名に、交響曲という言葉が多く用いられたのはそのためである。

　また、自然界のもつ水平線と垂直線の考え方を原理として導入した新造形主義（ネオプラグマティズム）は、絵画以外の建築などの多くの分野に大きな影響を与えた。日本を訪問した芸術評論家であるブルーノ・タウトは、京都にある修学院離宮と桂離宮などを題材に、この新造形主義が百年以上も前に日本

ではすでに実践されていることを英文で発表した。他方、万国博覧会に展示された日本の浮世絵によって起こされたときに続く新たな日本再考が欧州に巻き起こった。

新造形主義の代表的な芸術家のピエト・モンドリアン の図1.3の作品（1930年）が示すように、この抽象絵画は日本の建築や近代的なビルなどの建築デザインを暗示する。

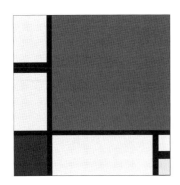

図1.3 「コンポジション2　赤、青、黄」

その他に、立体派の代表の一人であったピカソは、総合化に時間の概念を用いて独自の芸術の領域を作った。ニュートン力学に時間の概念を導入した相対性理論で有名なアインシュタインと親交のあったピカソは、この時間の概念を彼との交流から発想したともいわれている。

また、当時では新鋭のユング心理学やフロイトの深層心理学などの考え方の影響を受けた幻想絵画（シュールレアリスム）も新たに誕生した。このように新しい芸術はその時代の新しい考え方を導入して創造的な作品を生み出した。そして、流れは新たな創造を目指した抽象芸術へと移行したのである（図1.4）。

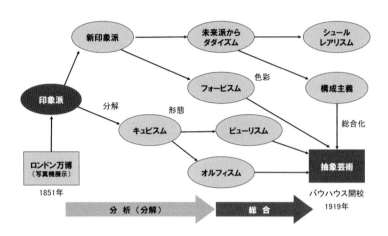

図1.4　近代絵画の展開とバウハウス開校までの変遷

　芸術の総合化の流れは抽象芸術となって進展し、絵画だけでなく総合芸術として建築や工芸などの多くの分野に影響を及ぼした。特に産業革命によってもたらされた工業技術との関係において大きな役割を果たした。

　直線や円、単純な曲線などを作り出すことを得意とする工業生産の特徴は、抽象芸術の考え方に反映されて行き、それを造形要素にして新しい道具（製品）を生み出せる可能性を秘めることになった。直線や円、単純な曲線だけで平面を構成するピューリスム（純粋主義）やシュプレマティスムはその典型であった。

芸術と工業技術の融合

　近代デザインは、1851年にイギリスのロンドン市で開催された第1回万国博覧会が契機ではじまった[1]。そこに展示されていた工業製品があまりにも美的でなく醜悪であったため、実業家であったウィリアム・モリスが中心となっ

て、手工業の美しいモノづくりを見直そうとする芸術活動であるアーツ・アンド・クラフツ運動を、美術評論家のジョン・ラスキンの影響を受けて実践した。

　しかし、時代の潮流である機械化に逆行する懐古的な活動であったため、その後のひとつの大きな流れにはならなかった。だが、機械化時代に芸術の必要性を訴えた功績は大きかった。そのため、今日、モリスは「モダンデザインの父」とも呼ばれている。

　この機械化時代に対応した芸術運動がフランスで誕生した。それがアールヌーボーとアールデコである。前者の鉄やガラスなどを素材にして植物を模した曲線的造形で制作された地下鉄や建物は、現在でもパリ市のいたるところで見ることができる。

　後者は単純で直線的なデザインの鞄や美術装飾品、代表的な建物ではニューヨーク市のクライスラー・ビルディングの上部に現在も見ることができる。しかし、まだ装飾的なデザインの域を出ていなかった。そのため、近代デザインの考え方の誕生はもう少し後になる。

　前述したように、ロンドンの万博で展示されたカメラは、これまでの芸術に大きな影響を与えた。カメラで簡単に実現してしまう見たままに描く写実主義は衰退し、芸術家の心の中の印象で表現する印象派が生まれた。

　これを契機に芸術の分解と総合化の運動が盛んになった。芸術の形状がピカソやセザンヌのキュビスムへ、また、色彩がマティスやゴッホのフォービスムへと分解していった。そして、それらを再構成する総合化の到着点として抽象芸術が生まれた。

　その考え方が近代デザインに影響を与えた。その中心となったのがドイツで1919 年に創設された国立バウハウスという実験的な芸術専門学校である。この学校の教授として新進気鋭の抽象芸術の専門家が多く集められた。

　バウハウスは、芸術と産業の融合によって良質な製品を生み出すことを目的としたドイツ工作連盟（1907 年）の考え方を引き継いで設立された。バウハウスでは、色彩や形状を物から分離することによりデザインが明確に意識され

るようになった。

　例えば、教授の一人であるブロイヤーが考案した金属パイプを素材とするワシリー・チェアーは、軽量、分離可能、衛生的、耐久性、低価格などの工業化社会で求められる多くの要素を備えていた。また、基本コース担当のモホリ・ナギにより鍋や照明器具も創作され、現在でもこれらの製品の多くは復刻版として販売（図 1.5）されている。

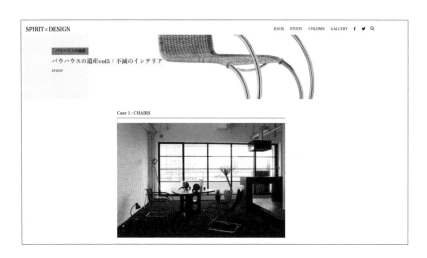

図 1.5　バウハウス作品の復元（SPIRIT×DESIGN のサイトより引用[5]）

　他方、印刷分野ではタイポグラフィーやグラフィックデザインなども追求された。代表的なタイポグラフィーとして、幾何学的なサンセリフの書体の提案がなされた。この影響を受けて今日のポスターなどでよく使われている書体として、パウル・レナーが制作したフツーラ（Futura）などの有名なデザイン書体が生まれた（図 1.6）。なお、サンセリフとはセリフ（図 1.6 左側）がないという意味である。

　この文字を美しく見せるための手法であるカリグラフィーを大学で学んだ

アップルのスティーブ・ジョブズは、これらをパソコンの標準書体として当初から採用した。これがビルゲイツのウインドウズとの大きな違いである。

図1.6　セリフ書体と３種類のサンセリフのデザイン書体

　ところで、バウハウスの教員の中で、標準化や規格化などが工業製品の質的レベルの向上に結びつくという機能主義的な考え方と、個性の内的および芸術的発想によって機械時代の美の様式に到達しようとする考え方との対立があった。つまり、今日のデザイン学研究分野の中でも解決していない、創造行為における主体性の優遇か客体性の優遇かの論争である。
　この論争は、大学のデザインの学科が芸術系と工学系の２種類あることにも示されている。新しくデザインされた製品は、デザイナーの感性が中心に生み出されるのか、または、生産工学や材料工学、マーケティング理論などの制約が優先されるかである。これは製品の種類と時代の進展によって、両者の重みづけが変わってくると考える。
　そして、もっと大きな影響を後世に与えた成果とは、ナチス党の弾圧が強くなり1933年にバウハウスの歴史は幕を閉じた後に、その教員らの多くが特にアメリカに渡って、その結果、研究と制作などの活動が大きく展開されたことである。
　例えば、ハーバード大学建築学科の教授となったバウハウスの初代学長であるグローピウスを顧問に、教員であったモホリ・ナギらはシカゴに「ニュー・

バウハウス」を 1937 年に設立した。

　当時のアメリカには大きな工業生産力があり、かつ欧州と違って伝統文化の大きな制約のない新しいものを素直に受け入れることのできる素晴らしい基盤があった。そのような背景の中で、インダストリアルデザインの考え方が誕生し広まった。

　特に、アメリカにも引き継がれた上記の主体と客体の論争は、客体要素のひとつであるマーケティング理論によって置き換えられて、アメリカでは商業主義デザインという 1 つの解決策を得てしまった。

機能主義のデザイン

　ドイツでバウハウスが生んだ近代デザインの考え方は実験的な段階であったため、ヨーロッパではすぐには広まってはいなかった。ウィリアム・モリスの職人による工芸の近代化の考え方の方がまだ主流であった。

　しかし、前述したように、アメリカでは大きく異なっていた。それは、開拓者中心の新世界のため過去の歴史による束縛もなく、かつ、豊富な資源が存在していた。さらに、熟練労働者が不足していたことも相まって、機械による大量生産方式が抵抗なく受け入れられた。この機械生産の発達が合理主義の発展を大きく促した。つまり、機能主義的なデザインの思想が普及した。

　この機能主義デザインの考え方は、アメリカの建築家であるルイス・サリヴァンの「形態は機能に従う」(form follows function) の言葉によく表されている。この思想は、自然現象の中に見いだされる法則性を人工物に適用しようとするものである。代表的な例が、流体力学をもとにした飛行機のデザインである。

　同じような思想を持つ、フランスの建築家ル・コルビュジエは、1923 年の著作『建築をめざして』において述べた「住宅は住むための機械である」という名言を残している。彼は、フランス・ポワッシーにあるサヴォア邸という作

品で、装飾や伝統様式を排して、むき出しの壁面仕上げを施した鉄筋コンクリートによる今日まで続くモダニズム建築の原型を生み出した。

　同じような考え方をバウハウスの教授であった建築家ミース・ファン・デル・ローエが提唱した有名な言葉「Less is more」（より少ないことは、より豊かなこと）にも見ることができる。ある物を追加することや、個性を出すために装飾品で飾り立てるのではなく、今そこにあるモノから不必要な要素を差し引いていくことで、限りなくゼロに近い表現スタイルによって、生活をシンプルにしていくという考え方である。

　この装飾を排した「Simple is best」と呼ぶべき考え方がデザインの最も基本的な理論のひとつとなっている。このシンプルなデザインは、機械生産に極めて適した造形でもあった。また、近代デザイン以前は様式主義の過度な装飾的なスタイルが主流であったことからも、近代を強く感じさせる新しい表現であり、考え方であったため、多くの人々に受け入れられた。これは、アップルのスティーブ・ジョブズの好んだ考え方でもある。

　他方、「用途に即し」「素材の持ち味」という表現があるように、アメリカでは軍事応用から人間工学がはじまり、製品の操作性に関する研究が盛んになった。また、素材として鉄やガラスだけでなく、特にデザイン的な自由度の高い合成樹脂であるプラスチックの製品への適用が多くなり材料工学が生まれた。これらの工学的な考え方もデザインに大きな影響を与えることになった。人間の身体的な機能と材料の特性としての機能を十分に生かした形態を追求する機能主義的なデザインの考え方が多くの製品にみられるようになった。

　例えば、代表的な機能主義デザインとして、ミスターブラウンと呼ばれたディーター・ラムスのデザイン作品がある（図1.7）。iPodやiMacのデザイナーとして知られるジョナサン・アイブはラムスの影響を受けたと言われている。また、デンマークのヴィルヘルム・ラウリッツェンの卓上ランプや北欧の家具デザインなども機能主義デザインとして有名である。

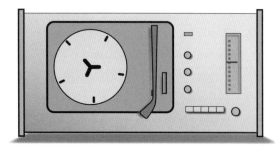

図 1.7　ディーター・ラムスの BRAUN 製品（左：電気剃刀、右：ラジオレコードプレーヤー）

　このような理性的で合理的なデザインの考え方が広がるとともに、これとは逆行するマーケティングの視点ともいえる商業主義のデザインが登場する。詳しくは次章で解説するが、新製品を次々に売り込むための手段としてデザインが利用され始めた。これは、前述した刺激−反応パラダイムの考え方である。

　この背景には、大量生産と大量消費による経済の活性化である高度成長政策がある。この政策によって、先進国の人々には物質的に豊かな生活が実現した。また、高度成長による人々の所得の上昇が商品の購入を促し、このスパイラルに拍車がかかった。

　このような状況をマーケティング理論では「プロダクトアウト」と呼ぶ（表1.5）。企業は、まだ使用できる製品でも頻繁に買い換えてもらうために、消費者の購買意欲を視覚的に刺激するような新しいデザインの製品を毎年発売する。そのため、デザイナーはスタイリングなどのトレンド分析や競合他社のデザインの比較分析を行った。

　しかし、高度成長の膨張する経済は当然ながらバブルが弾ける。そのため、景気の後退が始まると、給与所得が増えなくなり、消費者は賢い消費者（顧客）となって、商品やサービスの選択眼が厳しくなる。そこで顧客は何が欲しいのかを調査するマーケティング・リサーチの研究が盛んになる。

　この段階をマーケティング理論では「マーケットイン」と呼ぶ。プロダクト

アウトの時代のデザイナーは主に設計部門に属していたが、デザインの問題解決能力と表現力が評価されて、この時代に入ると商品企画部門との関係も深くなった。

マーケッターとデザイナーが一緒に顧客のニーズを調査分析して、その結果をデザイナーが具体的な製品に表現して提案した。このニーズとは、前述した交換パラダイムの新しい価値に相当する。最も発見しやすいニーズは、顧客の感じている製品の問題点や使い難さ（操作性）の解明である。また、有名なマーケティング手法である市場細分化（セグメンテーション）やポジショニング分析を行うSTP法の考え方もデザインに導入された。

企業でコンピュータが利用できる時代になったこともあり、マーケティング・リサーチの手法が発達した。その分析結果を考察できるデザイナー人材の育成も始まった。しかし、デザイナーの行うニーズ調査は、デザイナーが生活者の立場に立った文化人類学の用語で有名なエスノグラフィーが中心であった。なお、エスノグラフィーとは、ユーザーの生活環境に入って、行動観察や体感を通じて顧客の価値観や行動様式を理解することである。

顕在化した多くのニーズが製品開発で解決されると、顕在化されていない顧

表1.5　マーケティングの3段階と2種類の顧客の欲求

プロダクトアウト (Product out)	作り手の理論を優先させる方法 「作り手がいいと思うものを作る」 「作ったものを売る」という考え方
マーケットイン (Market in)	ニーズを優先し、顧客視点で 商品の企画・開発を行い、提供していくこと
市場創造 (Market creation)	ニーズが顕在化していない新規市場を探すこと （この世に出ていない商品を作り出すこと）

ニーズ（Needs）	顕在化している顧客の欲求
ウォンツ（Wants）	顕在化していない顧客の欲求

客の欲求であるウォンツの方に、商品企画部門は注目するようになった。人々のライフスタイル研究や生活提案などもデザインが中心になって行われた。つまり、市場創造（マーケット・クリエーション）である。

なお、表1.5に示すマーケティングの3段階と2種類の顧客の欲求の用語は、デザイン分野では一般的によく用いられてきている。

そして、人々の価値観が物質的な豊かさから心の豊かさに移り始めると、例えば、ディズニーランドのような時間消費、つまり、経験産業が進展し、経験をデザインすることも始まった。さらに、インターネットやSNSが登場すると、企業側よりも顧客側の方が多くの商品やサービスの情報を持つようになった。

他方、世界的な環境問題や貧富の格差、人権問題が社会問題となると、政府だけでなく企業も対応が迫られるようになった。そのような社会的な問題に対応していることが企業ブランドの価値を高めることになった。それをデザインの力で解決しようとする活動も始まった。その代表的な例がユニバーサルデザインである。

一方、インターネットを中心とする情報通信革命でデジタルデバイドの問題が顕著になると、誰でも情報にアクセスできるインタフェースデザインの重要性も高まった。また、心の豊かさという感性の研究も、デザイン分野で始まり、多くの開発手法や提案事例が登場しつつある。

このようにデザインの問題解決能力と提案力が他分野から認められるようになると、経営学やマーケティング理論でも、従来の調査をベースにした仮説実証主義でないデザインの手法を取り入れようという動きがはじまった。それがデザイン思考である。

2

製品重視の
デザインマーケティング

DESIGN MARKETING TEXTBOOK

2.1 デザインと関係するマーケティングの誕生

　デザインとは、人々の生活を豊かにするために、人々の視点から製品やサービスを設計（含む、計画）することである。一方、マーケティングとは、簡潔に説明すると、「売れる仕組みづくり」である。究極的なマーケティングは、セールスせずに勝手に売れて行く仕組みである。

　例えば、優れたデザインで評価の高いアップルの製品の発売日に、ファンが徹夜でアップルショップに並ぶ姿がメディアで放映される。この説明からわかるように、デザインは売れる仕組みに含まれるため、マーケティングにとって、デザインは重要な役割を果たしている。

　前章で述べたように、デザインとマーケティングはほぼ同じ時期に誕生している。そのため、デザインの考え方にもマーケティングの考え方が一部反映している。本格的なマーケティング活動の開始は、19世紀の大量生産がはじまったアメリカの自動車メーカーの競争からと言われている。

　産業革命がもたらした大量生産方式によって、人々の手が届くような価格でフォードの自動車が販売されると、多くの人々がT型フォードを購入した。つまり、今日のネット販売のアマゾンでも採用されている価格戦略で成功した。なお、継続的なコストダウンを図るため、1908年の発売から1927年まで基本的なモデルチェンジのないまま販売された。

　フォードに対して、後発のゼネラルモーターズ（GM）は人々の所得に応じた市場の細分化を行い、つまり、大衆車から高級車までの車種を揃えるラインナップ戦略を採用した。その戦略でGMはフォードから多くの顧客を奪った。

　このラインナップ戦略に大いに貢献したのが、新しい職能であるデザイナーによるスタイリングデザインと毎年のモデルチェンジである。競争軸が価格訴求から、デザインで人々の情緒に訴える方向に移行したのである[1]。

これは、デザインがビジネスの成功に大きく貢献すると多くの経営者に認識させる大きな機会になった。また、デザインとマーケティングの関係を広く人々に知らしめた。なお、この価格戦略や市場の細分化という考え方は、今日のマーケティングの基本理論になっている。

2.2　商業主義のデザイン

　1章で解説した機能主義デザインと対比される商業主義のデザインは、表2.1に示す大量生産方式の内部的な矛盾から生まれた。前述したように、世界で最初の大量生産方式の自動車である「T型フォード」（1908年）の発売により、理論的なマーケティングが誕生した。

　大量生産方式の第1段階の分業と流れ作業で質の高い製品を作ることができるようになった後、第2段階では、生産スピードが向上し、労働時間の短縮だけでなく生産コストも下がった。それにより、発売から5年後には販売価格が平均年収を下回る550ドルになった。この価格の大幅な引き下げにより、人々の手の届く価格になった。

　さらに、フォードはディーラー網を構築し、アメリカ全土で販売とメンテナンスができる体制を整備して販売力も備えた。つまり、フォードは、生産の効率化を進め、さらに流通チャネルを構築し、T型フォードは単一モデルとしては驚異的な1,500万台以上の生産を達成するという空前の大ヒットになった。

　しかし、T型フォードは一貫して黒一色のボディを採用して、シャーシの変更もしなかった。多くの人々が自動車を購入して普及しはじめると、人々の関心がスタイリングデザインに向かいはじめた。このような人々の心理の変化に

素早く対応したのが前述の GM であった。

　資本関係にあった化学メーカーのデュポンの塗料を用いたカラーバリエーションや重心の低い高級感のあるスタイリングデザインなどで対応した。これは表 2.1 に示す第 3 段階の需要の多様化である。このように問題が生産の場から販売へと移行する段階になると、GM は市場調査に基づく生産管理や顧客ニーズの把握に努めた。

　そして、大量生産方式の第 4 段階になると、生産が需要を追い越すという大きな問題が発生する。そこで、マーケティング戦略として、ボディデザインを毎年変化させるモデルチェンジを行った。つまり、意図的に以前のモデルを陳腐化させて、最新のモデルへの需要を創造する手法を確立した。つまり、新旧のデザインの差別化を図った。

表 2.1　大量生産方式の 4 つの発展段階

第 1 段階	大量生産の前提である規格化された互換性のある部品を使い、分業と流れ作業によって、熟練工や長い教育訓練期間を不要にした単純な作業の積み重ねで質の高い製品を作ることができるようになる段階である。
第 2 段階	分業や流れ作業によって生産のスピードが上がり、一つのものの生産に要する労働時間が短縮され生産コストが下がることで、この大量生産によるコストダウンを最大限に利用しようとする段階である。
第 3 段階	多様化する需要に対応するために、製品も多様化する段階になる。社会における車の意味や価値が変化し、それに対応するために多様な車を生産しなくてはならなくなるのである。問題が生産の場から販売へと移行する段階である。
第 4 段階	生産が需要を追い越すという大きな問題が発生する。しかし、生産は維持しなくてはならないため、そのために流行が意識的に作られるという大量生産の矛盾が起こる。

　さらに、アルフレッド・スローン GM 社長は「今やアメリカ人は、自分たちが自動車を使用するだけでなく、それを乗っていることを他人に見られることを得意とするような車を欲しがっている」（ステータス意識）という考えを持ちはじめていると感じていた。また、「あらゆる財布と、あらゆる目的にあっ

た車」という彼の有名なキャッチフレーズもある。人々の所得の違いによって求めているものが異なることに気づいた。

このことから、GM では、徐々に大衆車から高級車に向かってシボレー⇒ポンティアック⇒オールズモビル⇒ビュイック⇒キャデラックといったブランド階層を設けて、人々のあらゆるニーズを満たす市場の細分化であるフルラインナップ体制を整えた。

これは大衆車の顧客の所得が高くなるにつれて、よりグレードの高い車種に乗り換えようと思った際も、他社へ顧客を逃すことなく再び GM のブランドから選んでもらうことができる仕組みでもある。なお、今日でも、トヨタ自動車などの大手企業で、前述のデザインによるモデルチェンジやフルラインナップ戦略は継承され続けてきている。

このように、車は走るだけではなく、所有すること自体も楽しく、その所有している車が所有者の社会的な地位を示すものとなっていた。そのことに気づかず安価で機能的な車を作り続けたフォードは初期のマーケティングとしては大成功した。しかし、情緒的な価値が相対的に大きくなってきたことを理解した GM が、新たなマーケティング戦略を展開して成功した。

なお、デザインの持つ情緒的な価値は、商業主義デザインによる紆余曲折を経て、近年、感性デザインや経験価値マーケティングなどの考え方として再登場してきている。

GM のスタイリストとして入社し、デザイン部門の責任者として後には副社長にまでなったハーリー・アールの言葉「Seeing is Selling（見てくれが良ければ売れる）」は、この商業主義デザインの考え方を端的に示している。

この商業主義デザインのデザインマーケティング戦略が成功を収めると、当然であるが、自動車以外の業界においても、同じような戦略を採用する企業が増えることになった。また、その専門家を必要とする時代が到来した。製品の機能を変えずに見た目だけを変えるこの手法は「デザイン」というよりも「スタイリング」と呼ぶ方が適切かもしれない。

2章 製品重視のデザインマーケティング

このスタイリング中心のデザインはマーケティング的に大きな効果を生むため、経営者にとっては魔法の杖のように思えたであろう。

ところで、フォードの価格戦略や流通チャネル構築は、1章でも述べたように、1950年代にニール・ボーデンにより「マーケティング・ミックス」の考え方を生み出した。また、GMの顧客のニーズに対応した「市場の細分化」と「製品の差別化」は、1956年にウェンデル・スミスが提唱したSTP分析に発展した。このように、これらは基礎的なマーケティング理論の礎となった。

2.3 流行とデザイン

生産が需要を追い越すという大量生産方式の第4段階の矛盾が起こると、その生産を維持するため、需要を引き出すための流行が意識的に画策された。例えば、1950年代に入ると、自動車のリアフェンダー（後ろのタイヤの外側を覆っているパネル）の両端を高くして、飛行機の垂直尾翼のように尖らせたテールフィンの装飾的なデザインが登場した。当時、一世を風靡した流線型デザインの典型である。

この流線型デザインを他に先駆けて提唱したのが、アメリカで最初にデザイン事務所を開設したベル・ゲデスというイラストレーター出身のデザイナーである。1932年、ゲデスは「地平線」という著書で、流線型デザインの空想的な工業製品をスケッチで多く紹介し、これが評判を呼んで一般の人々にも流線型のデザインに対する関心が広がった。

その著書には、流体力学を考慮した流線型の機関車や自動車、飛行機、船舶などが載っていた。その後、これらのデザインは実際に製品化された。特に有

名なのは機関車のデザインである。スピードを象徴する流線型をした機関車は、この時代の人々の心を魅了した。

しかし、流体力学と関係ない鉛筆削りやアイロンなどでも流線型のデザインが製品化されると、単に、消費者の欲望を刺激し買い替えを促すためのデザインになった。このデザインの商業化は、当時のマーケティング的には理解できるが、デザインが本来求めるべき人間中心の方向性ではなかった。

ところで、この流線型デザインには大きなデザイン的な副産物があった。流線型デザインの表面形状を滑らかにするために、従来の機関車にあった鋲打ちをなくした。これは、多大な鋲打ちのコストの削減に貢献した。

偶然にも、形状を優先したことが結果として、コスト削減という経済性を生み出すという大きな利点があった。これは機関車だけでなく、その他の製品でも部品点数の少ない合理的で経済的なデザインが生み出された。

流線型デザインを主導したデザイナーたちの多くは、元は広告デザイナーやイラストレーター、室内装飾家などであった。いわゆる商業経済と密接な関わりのあるデザイナーであった。そのため、商業デザイナー出身という特性から、マーケティングの考え方にも通じる経済性を考慮した合理的なデザインを開拓していたのかもしれない。今日のような高い生産技術が発達していない時代では、経済性の高い生産性を重視した合理的なデザインが求められていた。

現代のインダストリアルデザイナーの第1号と言われているレイモンド・ローウィも、流線型のデザイン作品を初期に制作している。彼は当初から技術と経済性を融合した合理性の高い優れたデザインを生み出した。

ローウィの初期デザインであるゲステットナー謄写機のリデザインの事例はデザインの教科書に載るほど有名である。それは、製品サンプルとして提供された一台の謄写機の機能には何ら手を付けずに、その製品の表面に粘土を貼り付け、表面をなめらかにし、丸みをつけることで不要な物を取り除き、製品デザインをシンプルに洗練させるという手法を用いた。

後に、これはデザインで有名なプロトタイプ手法に発展する。デザイナーが

2章 製品重視のデザインマーケティング

デザインの全体や細部を検討することや創造的な気づきを得るために、その後、自動車メーカーを中心に、クレー粘土によるモックアップ制作という手法として確立されて行く。このような手法を導入することで、彼の作品の多くが、シンプルな形状と合理性が融合した美しい芸術性の高いデザインとなっている。

なお、ローウィも商業デザイナーとして広告制作に関わった後、インダストリアルデザイナーに転身している。そのため、現在でも使われているコカコーラのボトルとロゴや不二家のロゴマーク、煙草のラッキーストライクやピースなどのパッケージデザインとして優れた作品も多く、グラフィックデザイナーとしても著名である。

また、ローウィはインダストリアルデザインの啓蒙書「口紅から機関車まで」も執筆している[2]。どのような時代背景から職業としてのインダストリアルデザイナーが誕生したかが私小説に書かれているが、今日でも鹿島出版会から刊行された訳書が入手可能である。

このデザイン論の古典の中で、彼は「製品をもっと美しくしなければならず、また美しくすることによってコストも低下できる」と述べている。デザインの芸術性は重視しながらも、当時の生産中心の考え方が示されている。

他方、この本の中で、彼は有名なMAYA段階「Most Advanced Yet Acceptable（先進的ではあるがまだ受け入れられない）」を提唱している。最もよく先進的にデザインされたものが最もよく売れるわけではない。利用するユーザーの理解がなく、かつ旧来のものから大きく変化のあるものほど、ユーザーはそういうデザインを敬遠するというユーザー心理の考え方も述べている。

デザイナーなら理解できると思うが、一歩前でなく半歩前のデザインが人々に受け入れられることを示している。一歩も二歩も前のモーターショーのコンセプトデザインの車は、そのままでは売れないのである。

一方、元舞台デザイナー出身で、日用品から列車に至るまで、幅広い領域のデザイナーとして活躍したヘンリー・ドレフェスは、「インダストリアルデザインのための基準」として、①効用と安全性、②維持、③コスト、④セール

スアピール、⑤外観、を提唱した。これらの基準は、デザインを生産サイド
ではなく顧客サイドからも評価しようとする点で、現代のマーケティングやデ
ザインに通じる考え方である。

　この時期のアメリカでは、安易な商業主義デザインに陥るデザイナーも多
かったが、その中で幾人かの著名なデザイナーたちは、今日のデザインの思想
に影響を与えた新たなデザインの地平を創出してきた。

2.4　日本のデザイン振興

　デザインとマーケティングが日本に紹介されたのは第二次世界大戦後であっ
た。1951年に松下幸之助は米国視察からの帰国早々に「これからはデザイン
の時代」と語り、企業内デザイン部門が松下電器産業（現在、パナソニック）
に設立された。

　他方、同時期に、マーケティングが日本に紹介された。1955年に（財）日
本生産性本部代表団のアメリカ視察旅行からの帰国時の記者会見で、当時の東
芝の社長で団長の石坂泰三が、「これからの日本企業には、マーケティングが
必要である」と語ったことがはじまりとされている。

デザインの啓蒙

　戦後すぐに通産省（現、経済産業省）は、工業技術院産業工芸試験場の機関
紙の「工芸ニュース」を通じてデザインの重要性を広報した。1952年の第2
号に記載された記事を下記に引用する[3]（一部、漢字を常用漢字に改め、英

2章　製品重視のデザインマーケティング

語訳を加筆した）。

「これからのわが国の輸出産業に最も必要とされている職種の一つとしてインダストリアル・デザイナーをあげることができます。工業生産品といえば機械器具類（車両、船舶、航空機、工作機械、家庭用機器等）、食品、化学薬品、繊維製品、雑貨類等非常に間口が広く輸出産業の重要部門で、しかもこのうちデザインの協力を必要とするものが全体の50％以上を占めています。ところが今まで工業生産品専門のデザイナーというものが欠除しており、そのため外国でもインダストリアル・デザイナーのことを Missing technician（幻の技術者）といわれる程新しい職業であるわけです。米国、英国では最も新しい、最も重要な職業として認められ、工業生産品の発展に大きな貢献をしておりますが、しかしながら、わが国ではインダストリアル・デザインが認識されて来たのが近々この2、3年にすぎず、従って現在インダストリアル・デザインの仕事をしている人達は建築、図案、工芸等の基礎に立ついわば傍系者で、これから正規の人達を創りだそうとする、インダストリアル・デザイナー育成の揺籃期ともいうべき時であって、他の例えば商業デザイナーとか染織デザイナー等に較べるとまだまだそれ自体強力でないようです。」

このように、日本でも初期のアメリカのデザイナーと同じように、デザイン事務所では工芸や商業デザイナーなどの傍系出身のデザイナーがデザインを担った。その有名なデザイナーとして、1954年発売のバタフライ・スツールで知られる柳宗理や、自動車の普及に貢献したマツダ三輪自動車 K360 の小杉二郎などがいた。

そして、インダストリアル・デザイナーを育成するため、通産省（現、経済産業省）は、海外市場調査会（現、JETRO）を設立して、輸出振興を目的に海外デザイナーの招聘や海外へのデザイン留学生の積極的な派遣を推進した。また、その専門教育を行う学科を千葉大学や京都工芸繊維大学などに設置した。

戦後の廃土と化した国土復興のための国策は、輸出貿易振興による産業の活

性化であった。そのために求められたのは、戦前の安価で模倣品的な製品ではなく、高品質でオリジナルな製品であった。

　新しい職業であるインダストリアルデザインは、東芝、日立、三菱電機では、マーケティング手法ではなく、アメリカの大手電機メーカーの品質管理の手法のひとつとして、指導・導入された。その品質管理部の中に意匠課が設立されて、後にデザイン課やデザイン部に格上げされた。

　一方、1952 年に全国組織団体である日本インダストリアルデザイナー協会 (JIDA) が設立された。この設立の背景については、1936 年に東京高等工藝学校（現、千葉大）を卒業し、初の企業内デザイナーとして三菱電機に入社した伊東祐義が当時の状況について述べている[3]。そして、JIDA のようなデザイン活動の支援組織の設立の必要性にも言及している。

　「デザインが全く軽視され、性能さえよければいいという考えが大半を占めていました。そこには、戦前・戦中の軍部における考えが強く影響していました。当時の日本に強固に根付いていたデザイン軽視の考えを変えるのには、一企業の活動だけでは力不足でした。そのため IDer（インダストリアルデザイナー）の職能をしっかりと確立させるとともに、その仕事をサポートするための組織的な力や運動が、ぜひとも、必要とされていたのです。」

　この組織は、デザイナーの能力向上は勿論のこと、オリジナルな優れたデザインの製品を生むための推進役を務めた。その活動のひとつとして、毎日新聞主催の新日本工業デザイン賞がある。この賞は当時のインダストリアルデザイナーの登竜門にもなった。前述の製品デザインで紹介した柳宗理や小杉二郎らも受賞している。

　松下電器の製品意匠課の真野善一（元 千葉大学）がデザインした小型ラジオ（DX-350 型）も 1953 年の第 2 回の特選を受賞した[4]。彼らの製品デザインはオリジナル性が高いと評価され受賞した。その他、1955 年発売の東芝の岩田義治がデザインした電気釜 ER-4 や東京通信工業（現、ソニー）のトランジスタラジオ TR-610 などがある。このデザイン賞を設立するにあたって、毎日

2章 製品重視のデザインマーケティング

新聞社は次の社告[3]を掲載した。

「工業デザインはあらゆる工業製品に、性能にふさわしい魅力ある外観と意匠を与えて商品価値を高め、増産に適する合理的な設計をすることであります。国内、海外の新しい市場を獲得するため欧米諸国では熱心に研究され、産業の進展と生活文化の向上にめざましい役割を果しています。輸出を促進し自立経済を確立しようとするわが国にとって工業デザインの進歩ほど期待されるものはありません。」

この社告が述べているように、魅力あるデザインで商品価値（情緒的な価値）を高め、大量生産に適した合理的な設計によるコスト削減、さらに、今日ではマーケティング理論の対象になりつつある生活文化の向上の役割もインダストリアルデザインに求めたことが示されている。

まだ生産重視のデザインの記述ではあるが、人々の生活向上を目指す人間中心のデザインの考え方が示唆されている。しかし、多機能化した今日の製品に求められている使いやすさ（ユーザビリティ、操作性）への言及はみられない。

グッドデザイン商品選定制度

同じような優れた製品デザインを奨励する活動として、1957年に通産省は「グッドデザイン商品選定制度」（通称Gマーク制度、現在のグッドデザイン賞「デザインを通じて産業や生活文化を高める運動」）が創設された。この制度の創設を大きく後押ししたのが、当時、外交問題化した日本企業による外国商品のデザイン盗用という今日の知的財産権の問題であった。

そのため、優れたデザインの創造を奨励することで、デザイン盗用の防止も狙った。産業革命後の欧米でも貿易が盛んになるにつれて、知的財産権の盗用問題が多発し問題化した。そこで、1883年に工業所有権（現、知的財産権）の保護に関するパリ条約（現在でも改正が継続されている）が締結された。このように当時から欧米では知的財産権の権利保護の意識が極めて高かった。そ

れは産業を振興するのに不可欠の権利であるためである。

　また、1956年に来日して企業視察等を行ったアメリカのアート・スクール・センターの報告書[3]でも、今日のデザイナーへの教訓とすべき、次のような貴重な指摘があった。日本の浮世絵がグラフィックデザインの誕生を後押しし、また、前述したように日本建築のデザインが近代デザインに大きな影響を与えたことを、よく知っている欧米のデザイナーの本音である。

　「日本はもっと日本伝来の芸術や技術を学び、それを近代デザインに生かすべきであり、海外の模倣や海外で売らんとせんがための廉売とその為のコスト低減の結果である低品質の商品を作るべきではない。」

　1954年に訪日したバウハウスの初代校長であったグロピウスは、日本文化についても、今後の日本文化に根差した製品デザインの独自の発展を強く期待して、次のような思いを表明した記録が残っている[3]。なお、これらの答えの一つとなる無印良品などの日本独自のデザインが誕生するのは、半世紀を過ぎた後になった。

　「その千年の古い文化、民衆の美に対する著しい感性と、自然に対する愛とが私を幸運な発掘に導いてくれた」「今や西欧影響の洪水がきてはいるが、貴重な遺産に恵まれた日本は、なお積み重ねられた文化の本質を、将来ねばりづよく保ち得るであろうか？」

　このようにGマーク制度はデザイン盗用問題を根絶させるための日本製品の品質保証のため、ならびに、広く国民にデザインに関して啓蒙するために設けられた。その時に課題になったのが選定基準であった。これはデザイン評価の本質的なテーマである。

　この課題について、1958年にデザイナーの小池新二は、デザイン評価の本質的な難しさを指摘しながら、次のように述べている[3]。

　「産業製品の質をよくし、国民の生活水準を高め、輸出を増進する上に、グッド・デザインを奨励することは、諸外国でも行われている通り、有効な方策である。その一方法として、グッド・デザインの選定、標示がある。ところで、

これが選定に当っては、凡そ2種類のやり方があると思う。今これを便宜上、『上から』の選定と『下から』の選定と名付けよう。『上から』の選定と云うのは、選定する側がデザインについて一定の理想像をもっていて、此の理想像に合ったもの、これに近いものは、グッド・デザインであり、反対に、これに合わないもの、遠いものはよくないデザインとするやり方である。これには、審査に当る人達が同一の理想像をもつよう成るべく同じような傾向の、同じような考え方の人達を集める必要がある。傾向の違った、考え方の異なった人達が入ってくると、理想像がボヤけてくるので、従って選定されたものにハッキリしたデザイン傾向が出てこない。次ぎに『下から』の選定と云うのは、市場に出ている実際の商品について、いろいろな角度から、いろいろな立場に立って、比較的優秀と思われるものを選定するので、審査には、従って、社会のいろいろな面を代表する人達がこれに当る。審査する側には共通した明確な理想像がないから、選定は様々な立場から出された意見の妥協点に於て行われる。勿論、審査に当っては、事前の打合せによって共通した選定基準を設けることは出来るが、対象がデザインである以上その基準の中には必ずや人間の感情に関係する主観的ファクタアが入ってくるので、『上から』の選定のようにハッキリしたデザイン傾向と云うものは出てこない。」

結論的にはこの選定基準は、JIDA側には政府で行う選定（上記の『上から』）は困難であるから反対という意見があり、それも踏まえて、当面は試行錯誤しながら選定することになった。

そして、現在のグッドデザイン賞（図2.1）では、建築などを含めデザイン一般まで対象を拡大してきている。社会の課題に対する取り組みとしての内容、将来に向けた提案性や完成度の高さなど、総合的な観点から、優れていると評価したデザインに金賞、また各種の視点から特別賞（未来づくり、ものづくり、地域づくり、復興デザイン）が与えられている。

また、長年にわたり製造販売され生活者に支持され続ける優れたデザインに贈られるロングライフデザイン賞もある。その他、独自性、提案性、審美性、

完成度などが高いと選ばれた1000件を超える入賞がある。試行錯誤の結果、金賞や特別賞はどちらかというと『上から』の選定、入賞は『下から』の選定に近いと考えられる。

引用：「GOOD DESIGN AWARD」のサイト[5]から

図2.1　グッドデザイン賞の趣旨

　一方、企業の経営者からは、このグッドデザイン賞の評価はあまり高くない。その理由は、この賞を受賞したからといって売り上げに直結する訳ではないからであった。グッドデザイン賞は今後のデザインの方向性を示唆する『上から』の選定の傾向があることが遠因とも考えられる。

　販売に寄与するにはレイモンド・ローウィの提唱するMAYA段階のデザインが求められているのかもしれない。または、これはデザインとマーケティングとの違いの本質的な問題ではなく、過渡期的な現象ともいえる。今日、アップルや無印良品のデザイン事例を考えると、経営者の杞憂が過去の話となる時代が到来しそうである。

　ところで、日本で最初のロングライフの有名なデザインとして、日本のデザイン界に大きな貢献をしてきているGKインダストリアルデザイン研究所の創

立メンバーで代表であった榮久庵憲司がデザインしたキッコーマンの卓上瓶（図 2.2）がある。

　この製品は、透明なガラスで残量がわかるだけでなく、醤油の色彩をイメージさせる赤いキャップを採用し、安定感と詰替えを意識して底部と口部は大きく、中間部は女性の持ちやすさと醤油を注ぐときの手の形の美しさを考慮して細くなっている[6]。

　そして、注ぎ口の下側を短くすることで、液だれが全くなくなった機能的で美しいデザインとなっている。このデザインは食卓での新しい経験と文化をデザインし、新しいライフスタイルを提案したと言われている。

　なお、榮久庵は、もののない時代から高度成長へと至る日本で、誰もが美しいデザインを享受できる「美の民主化」を訴えたデザイナーでもある。

　だが、このロングライフのデザインは当時の大量生産時代のマーケティング理論、つまり、モデルチェンジの考え方には矛盾する。しかし、キッコーマンの金字塔となるデザインで、企業ブランドの向上にも大きく貢献した。安易に

図 2.2　キッコーマン 特選丸大豆 卓上醤油瓶

デザインを毎回変更することが企業利益に繋がらないことを示す良い事例でもある。当時のマーケティング理論にはなかった今日のブランドロイヤルティにも関係してくる。

文化としてのデザイン活動

　日本でも大量生産の影響が感じられるようになった1926年（大正15年）に柳宗悦を中心に民芸運動が始まった。この民芸運動は、産業と暮らしが融合した中に「用の美」があることを提唱した。その後は、前述のインダストリアルデザインとは別の底流となって、日本が本来持つデザインである造形の美しさを伝える活動として発展していった。

　「民芸」とは「民衆的工芸」の略で、柳宗悦らによる当時の新しい造語である。この運動は、柳と河井寛次郎、浜田庄司、富本憲吉、イギリスのバーナード・リーチの交友から始まる。1931年には雑誌『工芸』を創刊し、1934年に日本民芸協会が発足した。そして、各メンバーの審美眼によって各地の民芸品を集めて展示した日本民芸館が1936年に完成した。

　この活動が影響して、新鋭のインダストリアルデザイナーの中にも、デザインを産業と暮らしの間の架け橋にしようとする動きも出るようになった。社会文化的な役割を取り入れようとする考え方が近代デザインの思想の中に生まれてきた。しかし残念ながら、登場する時代が早すぎたのかもしれないが、戦後の高度経済成長の大きな波に、この暮らしと文化の思想は1980年頃までに飲み込まれてしまった。

　日本の戦後復興にデザインが大きな役割を果たすようになると、デザインは日本から海外に輸出する多くの製品に付与される新しい「付加価値」となった。この役割から、1951年に日本宣伝美術協会（JAAC、1970年解散）、1952年に前述の日本インダストリアルデザイナー協会（JIDA）が発足した。

　さらに、1955年に勝見勝を創立メンバーとする日本デザインコミッティー

2章　製品重視のデザインマーケティング

が設立された。設立当初より、表2.2に示すように、美術とデザイン、建築はお互いに切り離せない要素であると位置づけられ、デザイナーや建築家、評論家などが参加して今日に至っている。なお、この理念内容はコトラーのマーケティング3.0の一部を暗示していると著者は考える。

　この活動の中心は東京の松屋銀座で、この活動の大きな柱の一つは、「デザインコレクション」に象徴されるデザイン性に優れた商品の販売である。特に有名な活動として、1960年に勝見勝、板倉準三、柳宗理、亀倉雄策、丹下健三らを中心に、27か国、200名以上のデザイナーを集めた「世界デザイン会議」の開催がある。

　グラフィック、インダストリアル、クラフト、インテリア、建築などデザイン分野を超えたデザイナー達が国を超えて横のつながりを持ったことは、日本のデザインを世界に発信する大きな機会となった。

　1964年の東京オリンピックでは、この活動に参加するデザインや建築などの多くのメンバーによって、後世に残るオリンピックで最初のピクトグラムや丹下による独創的な構造の国立代々木競技場などの作品が多く生み出された。

表2.2　多様なデザイン関係者が参加した組織の設立

日本デザインコミッティーの理念
美術とデザインと建築は、時代の良き形を追い求める人間活動の、互いに切り離せぬ構成要素である。これらはしばしば、孤立した文化領域、互いに対立する活動と見なされ勝ちであるが、専門と分化は、人類文明のトータルな進歩を前提としてのみ是認されよう。 われわれは、相互の無理解、先入見、専門家がおち入り勝ちの独断を排斥する。 建築家とデザイナーと美術家は、汎地球的な規模における人類文明のため、協力を重ねなければならない必要性を、改めてここに確認する。
勝見勝　創立メンバー／評論家

（出典：日本デザインコミッティーのサイトより）

　一方、前述の日本宣伝美術協会（略称：日宣美）は、亀倉雄策や早川良雄、原弘、山名文夫、高橋錦吉らを中心に、1951年にグラフィックデザインの全

国的な組織として設立された。そして、協会が開催する公募展から、第二世代
である粟津潔や杉浦康平、勝井三雄、福田繁雄、横尾忠則ら日本のグラフィッ
クデザイン界を支える人材が登場した。

　この活動は、デザイナーの職能性と作家性との関係の論議を巻き起こしつつ
20年間継続した。しかし、グラフィックデザイン界の権威的な組織という側
面が年々強まり、高度経済成長の下、経済が最優先されて、文化がないがしろ
にされているという問題意識の指摘もあった。さらに、当時の反権力意識か
ら、第二世代を中心に協会の粉砕運動が起こった。その結果、協会は1970年
に解散した[7]。

　以上の経緯からわかるように、長い歴史の伝統文化をもつ日本に、欧米のイ
ンダストリアルデザインが経済活動を支援する手段として入ってきたことに対
する文化的な拒否反応があった。デザインが輸出振興を目指すマーケティング
の手段となっていることへの本能的な戸惑いである。他方、日本のデザインを
文化的に高いレベルにしようとする活動も同時に進められた。

　このように産業振興を目的としたインダストリアルデザインは、アメリカと
異なり、伝統文化をもつ欧州や日本では大きな葛藤を生んだ。本来、応用芸術
であるデザインは、産業振興でなく、人々の文化的な豊かさを実現するために
貢献すべきものである。

　産業振興を推進する理論的な考え方であるマーケティングにとって、デザイ
ンは誕生の段階から製品を売るための強力な手段であったため、商業主義デザ
インとして、一世を風靡し、今日まで続いている。これがデザイナーがマーケ
ティングを好まない遠因ともなっている。

デザインの役割と組織化

　戦後、海外の現状を視察した報告書などから、デザインがマーケティング的
に重要であると認識した企業の経営者らは若手のデザイナーの登用を始めた。

2章 製品重視のデザインマーケティング

欧米ではデザイナーが前述の「幻の技術者」と呼ばれていたことから分かるように、彼らは主に設計部門に配属された。その後、顧客志向のコトラーのマーケティング2.0の時代になると、製品開発プロセスの川上に組織改革されることになる。詳しくは、次の3章で解説する。

この時期に企業という組織の中でデザインの役割がどのように期待されていたかを、デザインマネージャーの黒木靖夫（元ソニー取締役）の言葉を通じて紹介する（日経ビズテックの仲森智博編集委員による記事[8]より）。

「売れなかったけどデザインは良かったなどと評論家はいうけど、あり得ない。売れなかったのは、デザインが悪かったからだ」

「色やかたちを整えることをデザインだと思い込んでいる人たちがいる。それは、とんでもない間違い。それは、単なるコスメティック・デザインであって、デザインの本質ではない」

一貫して説き続けたのは、デザインという仕事の領域の広さだ。商品企画も構造設計も意匠設計もみなデザイン。それを理念とし、デザイナーが作り上げたモックアップ（原寸模型）が1ミリの変更もなく量産品となり、市場で話題を独占することを無上の誇りとされていた。このような芸当は、デザイナーが市場トレンドはもちろん、要素技術から生産技術までを熟知していない限りできない。

こうも言っておられた。

「技術者の人たちが自分たちの殻から出てこないから、仕方なくデザイナーたちに技術を学ばせて、こちらから押しかけている。けれど、それが理想解ではない。デザインの領域にどんどん踏み込んできてくれる技術者が沢山現れることを本当は望んでいる」。

以上のコメントからわかるように、黒木は、コスメティック・デザイナーではなく、広い視野と見識を持ったデザイナー像を期待していることがわかる。

また、マーケティングマインドの必要性も述べている。

さらに、優れたデザインを実現するためには、技術者もデザインマインドを持つことを切望している。今日では、マーケッターや経営者もデザインマインドを持つことが期待されている。ここにデザインとマーケティングの接点がある。なお、記事の中で、黒木は「デザイナーはマーケッターにもなれるが、マーケッターはデザイナーにはなれない」とも述べている。

この哲学というべき考え方を実現するために、黒木は大規模な組織改革を行った。デザイナーだけでなくエンジニアやマーケッターも加えた新組織（PPセンター）を本社内に設立した。意匠部からの急激な改組のため、本社以外にも工場に3つのPPセンターを設立した。

なお、当初は、魅力研究所という名称にする案もあったが、化粧品メーカーと混同されると危惧されて採用にならなかった。また、この混成部隊は、今日のデザイン思考を組織的に実践していたと言えるかもしれない。

このPPセンターで誕生した最初の製品が、次の3章で説明するカラーモニターと言うべきテレビ受像機「プロフィール」（プロフェッショナル・フィーリングの略称、1980年発売）であり、その次の製品が有名なウォークマンである。

なお、後に、黒木はPPセンターからクリエイティブ本部へとデザイン組織を本部機能に格上げし、デザイン重視によるソニーのブランド力向上とその管理運営を確かなものにした。つまり、デザインマーケティングのためには、経営側の理解と支援が必要であることを黒木は行動で示した。

2.5 製品重視のまとめ

　製品重視のデザインマーケティングは、「Seeing is Selling（見てくれが良ければ売れる）」や「コスメティック・デザイン」の言葉に代表されるように、商品開発プロセスの下流で、マーケティングの中の販売戦略を支援するデザインが中心であった。つまり、顧客の購買意欲を刺激するデザインマーケティング戦略である。他方、この時代のデザインは、技術と経済性を融合した合理性の高い優れたデザインを目指す製品重視でもあった。

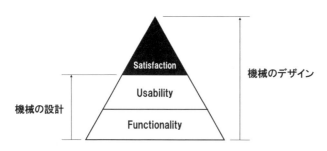

図 2.3　Ashby による設計の定義[9]

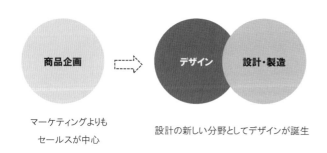

図 2.4　製品重視のデザインマーケティングの関係図

このデザイナーが幻の技術者と呼ばれていた時代の製品重視のデザインマーケティングは、図2.3に示すように、「Functionality（機能）→ Usability（使いやすさ）→ Satisfaction（満足）」を形成するプロセスの「満足」を担うようになった。この図が示すように、デザインは製品設計の一部であり、マーケティングとの直接的な関与はなかった。

　この近代マーケティング理論が確立する前夜の時代、マーケティング理論は販売ルートの構築や広報宣伝、価格戦略などが中心で、造れば売れる時代であったため、商品企画の組織化の導入は販売に重点がおかれていた。

　以上を踏まえて、この製品重視のデザインマーケティングで、デザインと商品企画および設計・製造との関係を図示すると図2.4になる。その後、景気後退の時代に入ると、顧客ニーズに対応しないと売れなくなる。そのために、図2.4の点線の矢印が示すように、商品企画がデザインに接近してくる顧客志向のデザインマーケティングの時代に移行する。

　それは、マーケティングで顧客ニーズを明らかにすることはできるが、具体的な製品として提案するにはデザインの協力が必要なためである。このことを示す例として、筆者の知人でマーケティングリサーチの理論と実践を兼ね備えた専門家である朝野煕彦は、マーケターはデータを上手に使って論理展開するのは得意だが、アイデアを具体的な形に落とし込むのは苦手であると述べている。

　なお、4章の人間中心のデザインマーケティングでは図2.4の中のデザインが中心になって、商品企画と設計・製造を強く結びつける重要な役割を担うことになる。

3

顧客志向の
デザインマーケティング

DESIGN MARKETING TEXTBOOK

3章　顧客志向のデザインマーケティング

3.1　デザイン組織の変革

　前章まで、文献をもとに、デザインとマーケティングの誕生から、アメリカと日本のデザインとマーケティングがどのように変遷してきたかを述べた。特にコトラーのマーケティング 1.0 をもとに製品重視の時代のマーケティングとデザインについて多くを解説した。

　筆者が三菱電機のデザイン部門でプロダクトデザイン（以降、デザイン）を担当しはじめたのは、コトラーがマーケティング 2.0 と定義した時代の 1978 年からである。本章では、筆者が担当した製品デザインを中心に、マーケティング視点から、どのように顧客志向のデザインマーケティングを実践してきたかを、顧客価値も踏まえて振り返りながら実証的に述べる。

　筆者がインハウスデザイナー（企業内のデザイナー）になる前年に、各地の製作所に分散していたデザイン部門が統合されてデザイン研究所という独立の部門になった。これは経営側がデザイン重視の方針に舵をきったことを示している。

　この時期、前章で述べたようにソニーを代表に、同業他社もデザイン部門を開発の上流に編成する組織改革を行っている。コトラーの 3 つの枠組みが提唱される前、既に述べたようにプロダクトアウトとマーケットインという考え方があった。

　前者は家電の三種の神器（テレビ、冷蔵庫、洗濯機）の例にみられる。当時、人々の所得が年々向上したことも相まって、需要が供給を上回っていたことから商品は造れば売れる時代であった。基本的には生産主導で、デザインは製品の内部構造が完成した開発の川下でスタイリングデザイン（コスメティック・デザイン）を行うというマーケティング 1.0 の時代の製品重視のデザインであった。そのため、デザインは設計部内の一部門としての役割を担っていた。

それが、後者の顧客志向のマーケットインの時代に入る要因となったのは、1970年代のオイルショックなどの世界的な景気後退がはじまりである。顧客のニーズに適合した製品でないと売れないため、顧客の視点で商品の企画・開発デザインを行うことが必要になった。

　そのため、デザイン部門は開発の川下から川上に上ることになる。かつて、会社の役員クラスの幹部から、企業内のほとんどの部門は生産者側の立場で商品開発を行っているが、デザイン部門だけは消費者側の立場で商品開発を行って欲しいと言われたことがある。つまり、デザイン部門の経営的な価値は顧客志向にあるとの的を射た指摘であった。

　今日では当然の考え方ではあるが、マーケティングにおいて、まだ製品や生産重視の考え方の時代にもかかわらず、デザイン部門に人間中心に近い考え方が経営から期待されていたのである。

　1980年代のデザイン部門の方針は「ヒューマンオリエンテッドデザイン」（Human Oriented Design）という標語で表現されていた。デザイン部門の活動を紹介する冊子（パンフレット）には、「本当の豊かさを実現するための、人を取り巻く環境や社会への誠実な働きかけ」と標語の説明が記されていた。

　ところで、プロダクトアウトは古い概念であるが、すべてがマーケットインへ転換している訳ではなく、技術力や研究の積み重ねによって開発されたシーズ（Seeds：技術の種）からの新製品が成功することも多くある。また、顧客自身も明確に欲しいものを理解しているわけではないため、市場に存在しない新しい商品やサービスは、やはり、企業側が提案していく必要がある。

　スティーブ・ジョブズ（アップルCEO）の名言「多くの場合、人は形にして見せて貰うまで自分は何が欲しいのかわからないものだ」が示すように[1]、以前から、デザインの提案力が強く求められている。また、経営学の巨匠のピーター・ドラッカーもコピー機やパソコンなどを例にして「顧客は自分自身の欲求を知らない」と同じことを述べている[2]。

　なお、デザインにマーケティングは必要ないと考えているデザイナーは、こ

3章 顧客志向のデザインマーケティング

のジョブズとドラッカーの考え方の賛同者であると考える。

3.2 近視眼のデザインマーケティング

　筆者が最初に担当したのがオーディオ機器のデザインであった。初期のオーディオ機器はレコードプレーヤーとアンプ、チューナーを一体化した家具のようなセパレート型ステレオである。音楽を楽しむという製品ではなく、豊かさを他人に誇示するもので、そのため高級家具調のデザインで来客を通す居間（リビング）に置かれていた。

　つまり、製品重視のデザインマーケティングの典型の製品であった。このタイプのオーディオ機器を所有している顧客で、レコードをほとんど持っていないという落語のような噂話もあった。この時代の人々の価値観が垣間見えて興味深い。

　次第に音楽産業が盛況になり始めると、オーディオ機器で本来の音楽を楽しむことに人々の嗜好が向かい始める。その結果、ユーザーが製品（レコードプレーヤー、アンプ、チューナー、スピーカーなど）を別々に購入し、好みに合わせて組み合わせて使用するコンポーネントステレオが生まれた。そのため居間から音楽を趣味とするユーザーの部屋に多く置かれるようになった。

　当時のコンポーネントステレオのデザインは、セパレート型の時代のデザインマーケティング戦略を引きずって、各社とも高級感を表現するデザインであった。そのため、高級感を表現するアルミの引き抜きのヘアライン（単一方向に髪の毛ほどの細かい傷をつける加工法）で、音量などの調整ダイヤルもアルミ加工の丸型であった。さらに、高級感を表現する装飾的なオーナメントも

デザイン処理として施していた。

　つまり、「マーケティング・マイオピア」に陥っていた。マイオピアとは「近視眼」という意味で、もともとはT・レビット[3]が用いた言葉で、コトラーが広めたマーケティングの課題を示す用語である。マーケティング・マイオピアとは、企業組織全体が顧客の真意を把握せずに、一方的な思い込みでマーケティング戦略を立ててしまうために起こるマイナスのことである。

　この近視眼を各社に強く自覚させたのが、インテリアを意識したヤマハのオーディオのデザインマーケティング戦略であった。当時、マンション住居の普及により、白系の壁紙が増えて、そのインテリアとマッチするデザインであった。オーディオ機器は高級感などを主張する必要はなく脇役で、ユーザーは音楽を雰囲気の良いインテリア空間の中で楽しく聴きたかったのである。

　そのため、デザインも、ボタンやつまみ類も従来のオーディオのデザインの主流であった丸型から、インテリアに合うように、矩形（四角形）のデザイン、金属的なダークグレー色のヘアラインのパネルから、白色系のヘアラインが目立たないパネルデザインを採用した。それまで側面に採用されていた高級な黒基調のチーク材風の木目のパネルも、オプション的ではあったが、北欧インテリア家具に見られる白い家具調になった。矩形の造形は建築デザインで用いられている新造形主義（1章で解説）のデザインを採用していた（図3.1）。

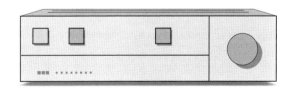

図3.1　ヤマハのオーディオ製品のデザイン

　他社のオーディオのデザインと比較すると明確に異なるインテリア志向のデ

ザインであった。そのデザインとの同質化を他社が行うと、ヤマハの製品と間違われてしまうため全く追随できなかった。つまり、「差別化」から「区別化」というべき、「レッド・オーシャン」(Red Ocean) から「ブルー・オーシャン」へ航海したデザインであった。このデザインマーケティング戦略で、ヤマハのオーディオ機器のデザインの評価は鰻登りに高くなり、多くの関係雑誌などでデザイン賞を受賞していた。

なお、フランスの欧州経営大学院教授のW・チャン・キムとレネ・モボルニュの経営戦略論(2005年)[4]がもとになっている「ブルー・オーシャン」(Blue Ocean) とは、競合が存在せず自分独自の市場で顧客を相手にしている状態を指し、ライバル不在の完全なる独占市場になる。

一方、レッド・オーシャンはライバルが多い市場での勝負になるため、低価格や過剰なサービスになる。その結果、各社が疲弊する激烈な市場である。ヤマハのデザイン事例からも分かるように、視点を変えるだけで、ブルー・オーシャン市場を発見することができる。

経営戦略論の中で、多くの機能から特定の「減らす」や「取り除く」ことを行い、その上で任意の機能を「増やす」ことや、新たに「付け加える」ことによって、それまでなかった企業と顧客の両方に対する価値を向上させる「バリューイノベーション」が生まれると述べている。しかし、後述するように「減らす」や「取り除く」だけでも新しい価値の提案は可能である。

ところで、企業の企画会議で多用される「高級感」というのは製品だけを見ている製品重視のデザインマーケティング戦略である。筆者はデザインコンセプトがないときに使用するのが、高級感という（陳腐な）コンセプトであると考えている。

高級感とは価格を高く見せるという意味でプライス（価格）戦略の一つである。したがって、人々の暮らしの質的な向上を目指す本来のデザインマーケティング戦略ではない。

3.3　リフレーミングのデザイン

　このマーケティング・マイオピアの視点から、エアコンのデザイン的なイノベーションを起こした事例も有名である。知人のデザイナー田子學は、東芝に入社して 4 年目（1997 年）でエアコンチームに配属された時に、上司から、先入観がない新人という視点で、開発したいエアコンについて意見を求められた。その時、田子は、図 3.2（左）に示すエアコンの前面にある横のスリットが入っている理由を逆質問した。スリットがあると、デザインが大きく制限され掃除もしにくい。また、スリットに積もった埃も気になり、さらにインテリアデザインとの調和も阻害する。

（出所）田子學：デザインマネジメント、日経 BP 社、2014

図 3.2　エアコンのスリット有り無しのスケッチ

　この意見を面白いと感じた上司はミレニアムの 2000 年を象徴する製品として開発する決断を行った。しかし、エアコンチームのベテラン技術者からは、スリットなしのエアコンは技術的に難しいと拒否された。そこで、機構設計を得意とする VTR 事業部から移ってきた新しいエアコンの開発者らに協力を依頼した。その結果、田子が考案した、パネルを少し前に出して、四方から空気を吸うという機構を彼らは全て実現してくれた。
　2000 年という記念の年に発売するエアコンのコンセプトとして、社内では

高い評価であった。しかし、営業部門が量販店に新製品をプレゼンテーションした結果、図3.2に示すように、スリットが入ってないとエアコンには見えないため売りづらいと、評価は散々であった。

彼らは顧客の暮らしを見ないで、売りやすいかどうかだけを見ていたのである。そのスリットのない新しいデザインが顧客にどのような価値を与えるかという視点が量販店側には欠けていた。

量販店の意見を無視してミレニアム2000年の商品として販売を行った結果、明らかに見てわかる区別化されたエアコンの売り上げは期待以上であった。そのため、翌年から、競合他社も同質化のデザイン戦略を行い、スリットのないエアコンを商品化した。今日では、量販店のエアコン展示コーナーではスリットのないタイプしか見ることはできない定番のデザインとなっている。

このように、マーケティング・マイオピアによる固定概念を打破する方法は、ある枠組み（フレーム）で捉えられている物事の枠組みをはずして、違う枠組みで見ることである。これを心理学では「リフレーミング（reframing）」と呼ぶ。デザイナーは異なる視点から物事を見ることをデザイン教育で訓練されてきている。

優れたマーケッターもこの能力を持っている。そこでの大きな問題は、そのリフレーミングされた提案を高く評価する上司や技術者らが存在するかである。

また、デザイナーが機構設計のアイデアまで提案できる能力を持っていることも求められる。デザイナーと技術者とが良いコミュニケーションを平素から行うことも大切である。マーケッターとデザイナーの違いは技術者との関係性である。前章で言及したように、デザイナーで元ソニー取締役の黒木靖夫は「商品企画も構造設計も意匠設計もみなデザイン」と、デザインという仕事の領域の広さを述べている。

3.4 イノベーター理論とデザイン

　エアコンの事例で、デザインと技術との二人三脚で商品開発が行われることを示した。同じような事例として、筆者らが関係したコンパクトオーディオと縦型レコードプレーヤーのデザイン開発がある。

　前述のコンポーネントステレオが、個室で音楽を鑑賞する傾向が顕著になってきた時に、日本の狭い住宅環境ではサイズが大きすぎるのではないかという意見が多くなった。そのため、ユーザーの暮らしの中でオーディオ機器のあり方を見直しはじめた。

　当時、半導体技術の革新は著しく、製品に内蔵されている電気回路の小型化が急速に進展していった。技術の流れとユーザーの生活の変化を取り入れたのが、コンポーネントステレオの大きさを半分程度に小さくしたオーディオ機器の新ジャンルであるコンパクトオーディオである。他社よりも早く製品化したのが、筆者らの「凝縮の思想のオーディオ」のコンセプトで、現在のコンパクトオーディオのジャンルを誕生させた。

　図3.3（左）に示すように、デザイン的には、従来のオーディオのデザインを凝縮したスタイルであった。ただ、チューナーの表示関係が小さくなるので、当時は珍しかったLEDランプを横にたくさん並べて、電波の受信状況を動的に示した。デザイン的な差別化の要素は高くなかった。その後、市場のリーダーであるオーディオ専業メーカーも同じようなデザインを用いた同質化戦略で参入してきた。

　なお、同質化戦略とは市場競争のリーダーが用いる戦略で、競争相手が差別化戦略で挑んできた時に、同じ戦略ならば規模の大きい方が有利であることから、同じ戦略を採用し相手の差別化を無効化する戦略である。なお、デザインの場合はリーダーへの同質化もある。特にリーダーのデザインがトレンドにな

3章 顧客志向のデザインマーケティング

る場合である。または、低価格戦略と一緒に同質化を行うとリーダーの顧客を奪うことも可能である。

　この同質化戦略を得意とする松下電器（現在のパナソニック）は、どちらかというとオーディオ市場においてはチャレンジャーのメーカーでリーダーメーカーではなかったため、デザイン的な区別化の戦略を放ってきた。小型の英語辞書で有名なコンサイス（三省堂）をイメージしたA4サイズの小型化のコンセプトに前面に、プロモーションでもそのコンサイスの用語を使用してデザインを訴求した。

　具体的には、書棚に収まるサイズで、パンフレットには書棚に置かれている写真が使用されていた。前述のヤマハのデザイン戦略と同じように、音楽を楽しむには製品は脇役であることを明確に示した。

　STP戦略の視点からも、オーディオ市場の新ジャンルであるコンパクトオーディオをセグメンテーションとして、英語辞書のイメージからもわかるように、明らかに学生をターゲットにしたデザインコンセプトであった。ポジショニングも従来のオーディオスタイルのデザインではなく、本のデザインを感じさせるスタイルであった。新しいジャンルの製品であるので、新しいデザイン戦略を採用しているところが、デザインマーケティング戦略的には極めて優れ

 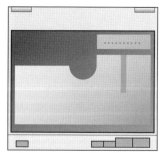 

図 3.3 凝縮の思想のコンパクトオーディオ（左）と縦置きも可能なレコードプレーヤー（右）

ていると感じていた。

　一方、コンパクトオーディオ戦略で課題となったのが、レコードプレーヤーである。レコード盤のサイズは規格で定められているので小さくならない。そこで、筆者らメーカーの技術者は、レコードプレーヤーを縦にすることを考えた。そのための技術的な開発も行った。その結果、従来のレコードプレーヤーを縦にして、2脚の足を底辺に付けたデザインを発表した。

　実際には、狭い室内空間を有効に使うという同じコンセプトで、最初にコンポーネントステレオと縦型レコードプレーヤーを一体にした縦型コンポーネントステレオが先行して開発された。この略称「縦コン」の製品の奥行きは手のひらサイズで、部屋の壁に立てかけるタイプのデザインであった。

　発売当初は、その斬新なデザイン提案で、多くのメディアに取り上げてもらい、新聞朝刊の4コマ漫画に描かれるほど注目を浴びた。しかし、縦長で大人の身長に近いため、設置性に問題がありヒットしなかった。他社も追随しないマーケティング用語で「ファッド」（fad）と呼ぶ一時的流行に終わった。表3.1に示すイノベーター層の一部だけが対象の製品であった。

表 3.1　商品購入の5つの態度（イノベーター理論）

① イノベーター　（Innovators：革新者）
冒険心にあふれ、新しいものを進んで採用する人。市場全体の 2.5％。
② アーリーアダプター　（Early Adopters：初期採用者）
流行に敏感で、情報収集を自ら行い、判断する人。 他の消費層への影響力が大きく、オピニオンリーダーとも呼ばれる。市場全体の 13.5％。
③ アーリーマジョリティ　（Early Majority：前期追随者）
比較的慎重派な人。平均より早くに新しいものを取り入れる。 ブリッジピープルとも呼ばれる。市場全体の 34.0％。
④ レイトマジョリティ　（Late Majority：後期追随者）
比較的懐疑的な人。周囲の大多数が試している場面を見てから同じ選択をする。 フォロワーズとも呼ばれる。市場全体の 34.0％。
⑤ ラガード　（Laggards：遅滞者）
最も保守的な人。流行や世の中の動きに関心が薄い。 イノベーションが伝統になるまで採用しない。伝統主義者とも訳される。市場全体の 16.0％。

3章　顧客志向のデザインマーケティング

　縦型レコードプレーヤーの場合は、松下電器も追随し製品を投入してきた。筆者らが提案した製品は従来の製品をそのまま縦型にしたデザインであった。それに対して、松下電器の製品は、ガラス窓の箱型の斬新なデザインで、縦だけでなく、斜めにも使用できる差別化というよりも区別化されたデザインであった。レコードプレーヤーのデザインを根底から変革した。さらに、その後のCDプレーヤーの原型となるデザインであった。さらに、前述のコンサイスのデザインコンセプトのコンパクトオーディオと組み合わせても違和感のない一体化したデザイン戦略であった。

　なお、図3.3（右）に示すレコードプレーヤー製品（SL-10）は「技術の精緻さを伝える、究極のモダンデザイン」という評価で、1990年にグッドデザイン賞を受賞し、1986年グッドデザイン・スーパーコレクション、さらにMoMAデザインコレクションにも選定されている[5]。

　縦型レコードプレーヤーは前述の「ファッド」よりも長い「ブーム」（boom）と呼ばれる流行で終わった。これは、普及率16％の溝を超えることができなかったからである。ジェフリー・ムーアは、ハイテク産業の分析から、表3.1に示すアーリーアダプターとアーリーマジョリティとの間には容易に超えられない大きな溝（Chasm：キャズム、後述の図3.6参照）があることを示した[6]。

　この溝を超えないと小規模のまま市場から消えていくため、アーリーアダプターを捉えるマーケティングだけでなく、アーリーマジョリティに対するマーケティングも必要という「キャズム理論」を1991年に説いた。なお、この溝を超えられなかった背景には、レコードからよりコンパクトな音楽CDへの大きな技術的な変革（イノベーション）が迫っていたことも要因として考えられる。

　他方、コンパクトオーディオは、その後、毎年、新製品が各社から発売され、アーリーマジョリティの多数の人々に受け入れられる「トレンド」（trend）になり、現在では、コンパクトオーディオのジャンルは定着して、オーディオ機器の大黒柱になっている。

なお、イノベーター理論とは、革新的商品やサービスが市場に登場した際、その普及率が 16 パーセントを超えると、シェアが爆発的に拡大すると説く理論である。1962 年に社会学者ロジャースが提唱した。

　ところで、上記の説明で、リーダーのメーカーやチャレンジャーのメーカーという用語を用いたが、競争地位戦略では、表 3.2 に示すように、「リーダー」と「チャレンジャー」、「フォロワー」、「ニッチャー」の 4 つに分類している。なお、表 3.2 の「デザイン」の欄は筆者が追記した。

　まず、リーダーのマーケティング戦略は、最大の市場占有率を持ち、業界を牽引する主導的な企業という立場から、自社のシェアを維持・増大させるだけでなく、市場全体を拡大させることを戦略目標としている。そのため、万人受けするオーソドックスなデザインとなる。

　チャレンジャーのマーケティング戦略は、業界で 2、3 番手の大企業で、リーダーに挑戦しトップを狙う企業で、収益性を高めるために、攻撃対象を明確にし、競合他社の弱点をつくなどしてシェアを高めることを戦略目標としている。そのため、リーダーとは異なるオリジナリティの高いデザインになる。したがって、前述の小型の辞書（コンサイス）をイメージする独自のデザイン提案は競争地位戦略の典型と言える。

　フォロワーのマーケティング戦略は、業界トップになることを狙わずに競合他社の戦略を模倣する企業という立場から、製品開発コストを抑え、高収益の達成を戦略目標としている。そのため、リーダーに近い普及タイプのデザインとなる。

　最後に、ニッチャーのマーケティング戦略は、シェアは高くなく、すきま市場（ニッチ市場）で独自の地位を獲得しようとする企業という立場から、扱う商品の価格帯や販売チャネルなどを限定し、専門化することで収益を高めることを戦略目標としている。そのため、ユニークなデザインが提案される。オーディオ市場では、筆者のいたメーカーは、高音質のスピーカーを昔から NHK に納入している実績があった。このことから、ニッチャーとなる。また、前述

3章 顧客志向のデザインマーケティング

のユニークな縦型オーディオの戦略はこの競争地位を反映した提案である。

　競争市場の分野によってリーダーやチャレンジャーは入れ替わる。ブラウン管テレビの時代は、松下電器がリーダーで、ソニーがチャレンジャーであった。独自開発のトリニトロン方式のテレビはそれを示している。

　パソコンではウインドウズがリーダーでアップルがチャレンジャーである。その立場の違いでデザインマーケティング戦略は異なってくる。機能的な差別化だけでなく、デザイン的な差別化を行うと効果的であることをこの戦略内容が示している。

表 3.2　競争地位戦略とデザイン

競争地位の類型	市場目標	基本方針	デザイン
リーダー	最大シェア 最大利潤 名声・イメージ	全方位	オーソドックスなデザイン
チャレンジャー	市場シェア	差別	オリジナリティの高いデザイン
フォロワー	生存利潤	模倣	リーダーに近いデザイン
ニッチャー	利潤 名声・イメージ	集中	ユニークなデザイン

3.5　イノベーターを対象にしたデザイン

　前述の田子らの若手のデザイナーが中心となって、「日本の家電を東京から再び世界ブランドへ」の思いを込めて、2003年に東京で設立した家電ブランドのアマダナ（amadana）（図3.4）は、表3.1のイノベーターを対象にしたデ

ザインで有名である。

　このデザインのビジネスモデルは、デザインで世界的に評価の高いデンマークのオーディオ・ビジュアル製品メーカーおよびブランドである「バング＆オルフセン（B&O）」などがかなり昔から展開している、市場占有率よりも利益率を優先する経営戦略である。

　現在、その売り上げの伸びが注目されているイギリスに本拠を構える電気機器メーカーである1991年設立のダイソン（dyson）は、デザインとサイクロン式掃除機などの独創的な技術で、かつ明確な顧客志向で「キャズム理論」の溝を超えている。

　デザインと技術の相乗効果で「キャズム理論」の溝を克服した良いデザインマーケティングの事例である。なお、アーリーマジョリティの段階になると、顧客の嗜好が変わるので、戦略的な見直しが必要になると提唱者のムーアは述べている。

図3.4　amadana のホームページ（http://www.amadana.com/products/ より）

　アマダナはイノベーターだけに売れればよいというデザインマーケティング戦略から、アマゾンなどで身近になったインターネット直販で、かつ少量販売を中心にデザインビジネスを展開している。たとえば、大手電機メーカーの中型冷蔵庫に、その本体の倍以上の値段の高級木目の取手を施したデザイン製品

（定価15万円）を、限定販売（数千台）した。その結果、数日で完売するという実績を残している。

なお、この限定販売は、みんなと違うものが欲しいという「スノッブ効果」を用いている。その逆の、みんなが持っているから欲しいは「バンドワゴン効果」である。

イノベーターのターゲッティング（ネットを利用する独身者）から、家族向けの大型冷蔵庫でないものを選んでいる。優れたデザインでポジショニングもなされたのが成功要因と考えられる。明快なSTP戦略に、4章で説明する生活の中で優れたデザインの製品と暮らすことで感じられる経験価値のマーケティングも加味されて、模範的なデザインマーケティング戦略となっている。

大手電機メーカーのインハウスデザイナーであった筆者も、イノベーターを対象にしたデザインに関与した経験がある。それがドコモの若者向け携帯電話のデザイン事例である。当時、携帯電話のデジタル化により製品価格が若い人たちにも手の届くようになったため、「キャズム理論」の溝を超えアーリーマジョリティからレイトマジョリティに入ろうとしていた時代であった。

ビジネスマン向けの携帯電話が中心であったドコモは、購入者層の大きな変化で、若者向けのデザインマーケティング戦略を行っていた競合他社の通信会社からの攻勢に対抗するデザインマーケティング戦略が求められていた。

そのような背景から、携帯電話のトップメーカーでない筆者の会社に対して、ドコモから若者向けの携帯電話のデザイン開発を依頼された。依頼を受けた本社営業が製作所の商品企画および技術部門と検討した結果、導入が開始されて間もないデジタル化への技術的な対応の課題が膨大にあるため、デザイン部門だけ対応して欲しいとの結論であった。

本社営業としては、ドコモからの依頼を断るという選択はできない立場のため、一番高価な製品の金型費用相当を回収できる程度の販売数で営業的な計画を立案した。つまり、イノベーターだけに売れればよいとのデザインマーケティング戦術であった。

そこで、デザイン研究所としては、斬新なデザイン案を作成した。その内容は男性向けと女性向け、その両方に受け入れられる3種類のデザイン案である。具体的には、男性向けの時計で人気の"G-SHOCK"的なアウトドア志向のデザインと、化粧品小物的なとても可愛らしいデザインなどを提案した。

これらの各案のデザインモックアップを制作して、ターゲットの若者を被験者にしたグループインタビュー調査を実施した。その結果、女性向けデザイン案は、いま直ぐにでも購入したいという一部の女性らの驚くような高い評価があった。

図3.5に示す女性向けデザイン案は、真珠をイメージさせる透き通るようなパールホワイト色で、本体のすべての角は大きなアールで、画面下の2種類のボタンは金色メッキというとてもシンプルな造形である。これは、テンキーの所だけ開閉式の蓋になったフリップ式の携帯電話機でのみ可能になるデザインともいえる。

図3.5　ドコモの女性向けの携帯電話

半年で100万台／機種以上を販売する携帯電話ビジネスの中で、数万台程度の計画案に対して製作所の幹部はほとんど関心をもっていなかった。つまり、

パンフレットを賑やかにする飾りのような、カラーバリエーション的なデザイン開発であった。しかし、販売を開始すると、テレビや雑誌などの多くのメディアに取り上げられ、また、購入した女性の間で「めちゃカワイイ」という口コミによる高い評価も広がった。瞬く間に「キャズム理論」の溝をいとも簡単に突破した。

　最低限の数しか金型を用意していなかったため、直ぐに品薄になり、一時的に入手が困難になった。その時、誰も意図していなかった「デ・マーケティング」の現象が起こった。急遽金型を増産したにもかかわらず、この欲しくても手に入らないという現象がさらに販売に拍車をかけて、結果的には半年で売り上げが200万台以上を記録した。最終的には、メーカーとしては最も売れた機種となった。

　この「デ・マーケティング」とは、マーケティングに「デ」をつけると、需要を促進させるマーケティング活動の否定のため、需要を抑制するマーケティングを意味する。俗名、「売らないマーケティング」とも呼ばれている。たとえば、喫煙は健康を害するといった禁煙のキャンペーンはタバコを販売するためのマーケティングでないことは明らかであるので、デ・マーケティングとなる。また、限定販売はデ・マーケティングの典型である。前述のアマダナの冷蔵庫の例は、このマーケティングを用いている。

　なお、この「期間限定」や「数量限定」などのマーケティング戦略は、希少価値の「心理リアクタンス」を用いているとも言われている。「希少である、手に入りにくい」という理由だけで、その商品が欲しくてたまらなくなる心理である。

　この大成功のパールホワイトのカラーデザイン戦略は、競合他社の次の機種製品から同質化戦略が行われた。各社の標準カラーである黒色、シルバー色、赤色、青色にパールホワイト色が追加された。また、購入者の男女比の割合を統計的に調査した結果、男性も半分近く購入していた。これは「ブーム」になり多くの人々が購入すると、最初のターゲッティング層から異なる層にも波及することが示されている。

3.6　バーティカル・マーケティング

　筆者はオーディオ機器のデザイン担当から、1980年代の後半に、図3.6に示すプロダクトライフサイクルの成長期を駆け上がっていたVHSビデオ製品（以降、ビデオ製品）へ担当が代わった。当時、競合他社の製品デザインも、新しい分野の機器のため、各社とも模索段階で似たようなデザインが多かった。伝統のあるオーディオ機器担当であった筆者が係わることで、ビデオ製品の新しいデザイン戦略を幹部から期待されていた。

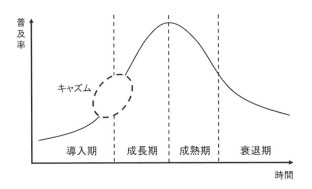

図3.6　プロダクトライフサイクルの4つの期間とキャズム

　そこで、商品企画と一緒に打ち出したのが、「Audio & Video」の頭文字を取った「AV戦略」であった。「Audio」の持つ高い芸術・文化的なイメージと、新しい現代的な映像技術を融合したデザインマーケティング戦略であった。なお、「AV」という用語は、この戦略から誕生した、我々が命名した新規の造語で

ある。なお、現在は、「AV」は「Audio Visual：オーディオ・ビジュアル」である。

　そのために、まず採用したのが、商品企画課長から示された新進気鋭の評論家の活用というメディア戦略の提案であった。そこで、オーディオ評論家からビデオの評論も始めていた若手の麻倉怜士などの協力・支援をもらった。

　なお、当初、営業部長から「AV」ではなくて、ビデオ事業部が打ち出す戦略であるので、「VA」と「Video」が先であると強い指摘があった。「VA」だと原価低減のスローガンと一致するのでイメージが悪いと異論を唱えたが、理解してもらえなかった。しかし、「濁点から始まるものはヒットしない」という麻倉の助言によって原案通りになった。

　そして、彼らのために、製作所内に専用の宿泊施設と視聴実験室を備えたショールームも建設した。また、彼らの執筆原稿が載る専門雑誌「HiVi」にも特集記事や広告を載せた。さらに、デザイン的にも少しずつすべてのビデオ製品を、オーディオ製品で採用されているアルミの押し出し材でヘアライン加工を主体とするデザインに変更していった。最終的には、オーディオ製品とビデオ製品で統一されたデザインの提案も行った。この提案の製品は多くのメディアで高い評価をもらい、さらにグッドデザイン賞も受賞した。

　これを契機に、このAV戦略に大型テレビも参加した。この戦略のラインに乗ったテレビのデザインは黒い額縁だけのモニターのような、主張しない極めてシンプルなデザインを採用した。それだけではAV戦略の訴求が不足していたので、テレビの両側後方に高音質のステレオスピーカーを配置して、そこから前面にスピーカーのキャビネットである縦長のエンクロージャーをテレビ両側に配した。

　このように、テレビの背面の空間をスピーカーのエンクロージャーとして活用した。また、この戦略からビデオの再生画質とテレビの画質との技術的な協調も進み、高精細な画質でビデオテープを再生することができるようになった。

この３つの製品が組み合わさると自宅が映画館に変身する。つまり、この提案で、人々が映画を家庭で楽しむ文化が生まれると期待した。また、AV戦略の強い追い風を受けて、ビデオ製品の年間売り上げが業界トップになった時期があった。

　その時期、新製品のプロモーションに商品企画のメンバーと一緒に量販店へ伺った際に、幹部から「三菱さん、トップメーカーになったのだから、他社を見ないで、三菱の顔になるデザインをしなさい」と助言された。その意見をもとに、前述のグッドデザイン賞のデザインへと結びついた。

　この時期、競合他社の同質化戦略が激しくなっていた。リーダーメーカーには、追い上げてくる競合他社に同質化戦略を行うことを得意とする総合家電の松下電器のような会社がある一方、専業メーカーのソニーのように、より差別化や区別化する戦略を行うリーダーメーカーもある。特に、デザイン関係はこの対応が比較的容易である。筆者の会社はこの分野では専業メーカーに近いので、上記のような助言になったと考える。

　その後、AV戦略の主戦場はプロダクトライフサイクルの成熟期に入った。このことから、高齢者や主婦などのレイトマジョリティも顧客になると、「録画の仕方が分からない」や「違う番組を録画してしまった」などのリモコンの操作方法についての苦情が多く寄せられた。

　技術側はワンタッチ録画やGコード録画などの簡便な方法を提案した。他方、デザイン側もユーザビリティ評価実験を行い、デザインで解決できる多くの提案を行った。認知的な使いやすさのデザインがマーケティング戦略で初めて注目されるようになった。なお、この問題は地デジ放送の電子番組表（EPG）の画面の登場でいとも簡単に解消された。

　ところで、このAV戦略をマーケティング理論の視点で見直すと、コトラーが提唱するマーケティング思考法[7]である「バーティカル・マーケティング」（垂直思考のマーケティング）となる。これは既存の製品コンセプトを前提として、新たな製品を開発する手法である。たとえば、ラジオにカセットテープを組み

合わせて、ラジカセという新しいジャンルを生み出す。デザイン手法では複合化と呼ばれる手法である。その他にも、スキャナとプリンターが組み合わさった複合型プリンターもある。最近では、パソコンと携帯電話を組み合わせたスマートフォンもこの思考法からの製品である。

　コトラーはこの思考法の例として、①サイズの変更、②デザインの変更、③パッケージの変更、④付加価値をつける、⑤製品の改変等も上げている。前述のコンポーネントオーディオのサイズを半分にしたコンパクトオーディオも、この思考法を用いたことになる。日本のメーカーが得意な「軽薄短小」の軽量化、薄型化、小型化することもバーティカル・マーケティングとなる。カード型電卓、パスポートサイズのビデオカメラなどは、一時、世界に衝撃を与えた製品であった。

　一方、コトラーは、製品を根本から改革し、まったく新しい製品やサービスへと変えてしまう思考法も提案している。これを「ラテラル・マーケティング」（水平思考のマーケティング）と呼んでいる。これは既成概念の枠を超えるもので、イノベーションに関係するマーケティング思考法である。

　コトラーはラテラル・マーケティングの例として、「サイバーカフェ」を挙げている。本来、カフェテリアではジュースやコーヒー、サンドイッチなどを提供されるが、さらにインターネット回線も提供する新しいサービスである。同じカフェとして、マンガ喫茶もこの仲間に入る。また、「インターネット購入」と「コンビニでの受け渡し」の組み合わせも、各店舗の業務を「販売」から「受け渡し」に変化させたことで、この思考法になる。特に、水平思考の方がイノベーションに結びつくことが多いと考える。

　AV戦略の中心のビデオ製品は、技術革新（イノベーション）である録画方式のデジタル化によって、アナログのVHSからDVDを経てブルーレイ（Blu-ray）方式へと移行が進んだ。そのため、デザインによる差別化が発揮されるプロダクトライフサイクルの成熟期が終わり、VHS方式のビデオ製品は衰退期に入った。

顧客は終焉する方式のビデオ製品は、成長期の新方式が手に入る価格帯になるまでの繋ぎと考え、安価なものでよいという心理が働き、熾烈な低価格競争に突入した。そのため、デザインに費用を掛ける余裕がなくなり、少しでも安く生産する原価低減（価値分析）の大きい波をかぶるようになった。デザインは少しでも費用を掛けずに高級感を感じさせる製品重視のデザインマーケティングの時代に逆戻りすることになった。

　デジタル化はビデオ製品だけでなくテレビにも波及した。プラズマディスプレイパネル（PDP）方式／液晶方式のテレビへと移行がはじまった。経営側としてもPDP方式か液晶方式かの究極の選択を迫られて、筆者のメーカーはPDP方式を選択して、大規模な投資を行った。ビデオと同様にアナログ方式のテレビも衰退期の低価格競争に巻き込まれた。

　プロダクトライフサイクルの成熟期であったことから成立していたデザインと技術で新しい映像音響文化を生み出そうとしたAV戦略のデザインマーケティングは、デジタル化技術のイノベーションにより終焉を迎えた。なんとか生き残ったアナログのビデオとテレビの製品デザインは低価格競争のレッド・オーシャンの中で脇役に後退していった。

　デジタル化した録画方式と表示方式のディスプレイはパソコンと同じ技術的な世界に入り始めた。つまり、コトラーの前述の「ラテラル・マーケティング」が起こりはじめている。

　生産拠点はグローバル化し、サムソンやホンハイ（鴻海）などの新興メーカーが参入して、デザインもパソコンのように、グローバル化した市場を背景に無国籍なデザインマーケティング戦略が闊歩している。なお、この時代のデザインマーケティング戦略については、次の4章で論議する。

3.7 「デ・デザイン」と心理学的効果

　マーケティングしない「デ・マーケティング」を説明したが、これと同じ考え方から、筆者が命名する「デ・デザイン」（デザインしない）もデザインマーケティング戦略の1つと考えている。筆者が勤めていたデザイン研究所の産業機器のデザイン責任者らは同じコンセプトのデザインを10年以上行ってきた。納入してから長期に使われる産業分野の制御関係の機器（FA分野のシーケンサー）は統一されたデザインになるまで10年以上は必要になる。

　その息の長いデザインを継続してきた結果、制御用のロッカーに下から上へと積まれた制御機器の統一された造形と色彩は、とても美しく、視認性が高く優れたデザインになっていた。頑固なまでにデザインを変更しないデザイン思想は高く評価され、世界的に最も権威のあるドイツのデザイン賞であるif賞を受賞した。長い年数が必要なため、競合他社は同質化戦略を行うことはできない。

　このデ・デザインを行っている自動車メーカーにマツダがある。マツダのデザイン部門の幹部と話した際に説明された内容がそれを物語っていた。マツダは国内シェアが数パーセントのメーカーであるので、モデルチェンジする度に異なるコンセプトのデザインを行ったら、街の中で見かける車がマツダ車と認識されることは難しい。

　そのため、日本人の美意識をもとに、生命感をカタチにした「魂動デザイン」の思想を頑固なまでに継承したラインナップを市場に投入し続けると述べていた。

　このデザインマーケティング戦略はアメリカの自動車メーカーのフォードとの提携解消後から始まった。それから10年近くを経て、そのデザインから一目で日本のマツダ車とわかるようになってきた。この日本人の美意識を継承す

るデ・デザインというべきデザイン戦略がマツダのブランドイメージの向上にも寄与している。世界の業界関係のメディアもこのマツダのデザインを高く評価し、マツダは多くのデザイン賞を受賞している[8]。

　一方、平井一夫（元ソニー代表執行役社長兼CEO）の雑誌記事[9]に、「デジタルスチルカメラのハイエンド商品は、機能は進化してもいいけどデザインは変えるなといいました。高額商品のデザインをすぐに変えてしまうと、早く買ったお客様はガッカリする。デザインが同じなら、機能が変わってもお客様は安心する。」とデ・デザインを示唆するコメントが載っていた。このように経営幹部もデ・デザインの重要性を強く認識し始めている。

　このデ・デザインを強力に推進しているのが、アップルではないかと筆者は考えている。新製品のデザインがその前の製品とどこが違うのかは、一般の人々には間違い探しのクイズに近い。デザイナーのジョナサン・アイブや経営者のスティーブ・ジョブズが、これを意識しているという記事は特に見当たらない。

　「Keep it Simple」というのがアップルのデザインに対する一貫したフィロソフィーである。全てをシンプルにすること、それがアップルの中心的な考え方になっている。このミニマルデザインの思想がベースにあるので、意識しなくてもデ・デザインの戦略が自然と反映されているのである。また、日本刀のように極限まで磨き上げたデザインを意味もなく変えるのは、デザインの劣化にしかならないと彼らは考えているのかもしれない。

　社会心理学者のフェスティンガーによって提唱された「認知的不協和理論」は、心の中に生じた矛盾を解消しようとする心理作用を示すもので、高級ブランドの戦略の説明にも利用されている。高級ブランド品の高い価格設定と値引き販売をしない戦略によって、消費者には、ブランド品と安い類似品との価格の差に対する心理的な矛盾を埋めるために、ブランド品にはその差の価値があるに違いないという心理的な解消が起こって、ブランド品に対する信頼が生まれる。

デ・デザインでもこの理論が示す心理作用が働いていると考える。つまり、新製品でもデザインをほとんど変えないのは、そのデザインが優れているから変えないのではないかという矛盾の解消である。したがって、デ・デザインと値引き販売しない戦略をペアで行うと効果が高くなる。

前述のフォードと提携解消後のマツダの新デザイン思想は、新車の値引き販売をしないという価格戦略も伴っている。かつて、マツダの新車は値引き販売で有名であった。また、説明は不要であろうが、アップルの製品も以前から値引き販売は行われていない。

一方、ロバート・ザイアンスによって提唱された「ザイアンス効果」でも、デ・デザインは明快に説明される。ザイアンス効果とは、別名、単純接触効果とも呼ばれ、人間は人やモノに繰り返し接触することで、よりそれに対して好感を持つようになるという、マーケティングで頻繁に利用されている現象である。

ザイアンス効果によって得られる好感は、「接触回数＞接触時間」と言われている。相手が不快だと感じる場合の接触は逆に相手の好感度を下げてしまうため、優れたデザインである必要がある。

ところで、マツダは車体設計に世界で最初に感性工学を導入したことでも有名である。高い質感の感じられるインテリアデザインなどを、心理学を用いた測定法で調査して、その結果を具体的な設計仕様内容まで分析的に落とし込む手法である。なお、提唱者の長町三生は、特にデザイン性を重視する商品の場合はこの感性工学が有効と著書[10]の中で述べている。

このように、ユーザーのウォンツを科学的に解明して、設計という提案までの過程をプロセス化する感性工学の手法は、科学的なデザインマーケティング理論への扉を開くと考える。詳しくは6章で解説する。

3.8 製品の価値構造とデザイン

　1990 年代の後半に、液晶パネルを搭載しないカード型デジタルカメラのデザイン開発を担当した時に、本当にカード型が顧客の欲している価値であるのかという疑問を感じた。この商品企画は大きな販売網を持っている量販店との共同開発で、カード型デジタルカメラは量販店の経営幹部からのトップダウンの仕様であった。

　前述の「バーティカル・マーケティング」の考え方から、「軽薄短小」のコンセプトは賛同できる内容であった。また、カード型電卓が発売された時の驚きを多くの人々が経験して、まだ、その記憶が残っていた。

　依頼したのは販売能力の高い大手量販店のため、技術開発に問題ない数量の保証もあった。開発側のメーカーとしては、このカード型デジタルカメラがヒットしたら、デジタルカメラ市場に後発だが参入する良い機会になるという経営的な判断もあった。この時、顧客の求める本質的な価値とは何かを商品企画メンバーと議論した。

　デジタルカメラの開発の歴史を紐解くと、1975 年にイーストマン・コダックが世界初のデジタルカメラを発明し、1990 年に Dycam 社が世界初のデジタルカメラを発売した。1995 年に、今日のデジタルカメラの原型となる液晶パネルを搭載したカシオ計算機の「QV-10」が発売された。この液晶パネルによって、従来のスチルカメラと明確な区別化がなされ、かつ、撮影した写真を仲間と直ぐにその場で楽しむという新たな写真文化が生まれた。そのベネフィットから、爆発的なヒットになった。

　このカード型デジタルカメラのデザイン開発が始まったのは、液晶パネルを搭載したデジタルカメラのヒット前夜であった。その意味では、どちらが成功するのかというレースのフラッグが振り降ろされた時期でもある。コトラーは

製品の価値構造には、図3.7に示すように、中心から「製品の中核」と「製品の実体」、「製品の付随機能」の3層あると述べている。

たとえば、携帯電話を例にすると、電話機能の主要な価値である「話す」と「コミュニケーションする」が中核的なベネフィットとなる。次の「製品の実体」では、メーカーのブランド名や、一体型や二つ折り、フリップといったタイプがある。機能としては、「ワンセグ機能」「バッテリーの寿命」「通話の品質」「カメラの性能」などの要素から構成されている。

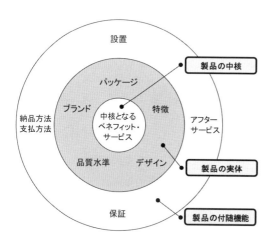

図3.7 コトラーの3層モデル

そして、「製品の付随機能」は、中核的なベネフィットを提供するのに直接的な影響はないが、その存在によって顧客にとっての価値が高まる要素となる。「配達」や「据え付け」、「アフターサービス」、「品質保証」などである。この分類からわかるように、カード型は「製品の実体」である。カード型にすることで、中核的なベネフィットが大きく変わることがあるのかの検討が必要であった。

デジタルカメラの中核的なベネフィットは、撮影した画像を直ぐに仲間と一緒に楽しむことや、撮影して直ぐに画像を見て、保存するものと削除する画像を選択することである。この中核ベネフィットから、初期段階の商品企画会議でも、液晶パネルを搭載しないことに、マーケティング戦略的上の疑問が呈されていた。

液晶パネルのないカード型デジタルカメラのコンセプト（中核ベネフィット）は、市場から撤退しはじめていた従来のフィルム式カメラとほぼ同じであった。競争相手は、とても小さく安価な「使い捨てカメラ」やカメラ付き携帯電話であった。結果的には、当初想定していたブルー・オーシャンではなく、競争が熾烈なレッド・オーシャン市場での戦いになってしまった。

このカード型のコンセプトは決して悪くなく、そのコンセプトを現在のスマートフォンが実現している。スマートフォンがデジタルカメラを衰退期に追いやってしまったことからも、その正しさが示されている。また、2000年に入って、煙草の箱サイズの小さい液晶画面付きデジタルカメラが発売されている。この手のひらサイズはデジタルカメラ市場の主流ともなっている。

このように、デジタルカメラの中核ベネフィットを実現するのに液晶パネルが必須であることを考慮に入れなかったのが、発売後の売り上げ数値で示された。当時はまだ、それを実現する技術レベルではなかった。なお、デザイン的にはレンズや回路基板の隙間をぎりぎりまで詰めて、カード型のイメージを表現することができた。その結果、発売当初はメディアや専門雑誌に注目された。しかし、結果的には、イノベーターだけの顧客層で終わってしまった。

一方、カメラから液晶を排除して成功している製品がある。中核ベネフィットが探検での撮影向けのヘルメットカメラで、ウェアラブルカメラ「GoPro」（アメリカ、Woodman Labs社製）である。今日、ドローン用のカメラとしても活用範囲を広げている。過酷な環境で使用されることが多いため頑強な作りのデザインである。このように中核ベネフィットが明確な製品デザインが成功

へ近づく。

　この事例は視点を変えると、弱者のとるべき「ランチェスター戦略」とも言える。つまり、その分野で自社が完全に勝つくらいまで小さくするか、大企業が目もくれないような小さなニッチ市場を攻略するデザイン戦略である。

　ところで、中核的なベネフィットは良かったが、ビジネス的に成功しなかった事例がある。携帯電話にケーブルで繋げる液晶パネル付きカメラの提案である。発売時のメディアの評価は高かったが、あまりも値段が高かったので実売に結びつかなかった。つまり、4Pの価格戦略に失敗したのである。しかし、その後のカメラ付き携帯電話の人気が、中核ベネフィットの正しさを証明している。

　次に、3層モデルの中の「製品の付随機能」のデザイン事例も紹介する。エアコンは、暑くなるとともに売り上げが上昇する。顧客は直ぐ自宅にエアコンを設置して欲しいと強く要望するが、現在も昔も、設置作業者の数とその作業者が1日当たりに設置できる数で設置数（売り上げ）は決まる。

　理想は、一人でより多く設置できることである。そのためには、最も重い室外機を一人で効率よく運んで設置できるように、人間工学の視点から室外機のデザインを行うことである。

　つまり、両手で室外機を抱えて設置できるように、技術者らの協力をもらい、室外機の重心を中央にして、取手を持ちやすいようにスリムなデザインとした。また、室外機は建物のデザイン要素となるので、建物の美観を崩さない環境に配慮したデザインとした。その結果、売り上げが向上したのは説明するまでもない。

　なお、この事例は、視点を変えると、組織内のあらゆるプロセス、製品、サービスの品質を常に向上させ続けるための全社レベルの活動であるTQM（Total Quality Management）の良い例ともいえる。

3.9　スケルトンデザインの流行

　少し前になるが、マーケティングの世界でデザインの重要性を広く人々に知らしめたのが、その衝撃的なデザイン、つまりカラフルで筐体内部が透けて見えるスケルトンボディのパソコン「iMac」の登場であろう。

　iMac は、従来のオフィスではなく家庭での使用を主として、1998 年 5 月にアップル社が発表したディスプレイ一体型デスクトップ機のシリーズの名称である。造形的にも、「涙のしずく」を意味するティアドロップ型の曲面の多い斬新な筐体デザインが採用されていた。

　オーストラリアにあるビーチの名から取ったと言われている「ボンダイブルー」と称された青色の初代 iMac は、オフィスで使用されることが主だったため箱形をしたベージュ色の従来のコンピュータとは全く異なるデザインであった。中核的なベネフィットである、パソコンを個人のインテリア空間で楽しく使い暮らしを豊かにしたいという顧客の価値観に応える提案であった。そのため、個人ユーザーの嗜好の違いを考慮して、1999 年には iMac に新しく 5 色のカラーを導入している。

　この商品は、倒産寸前のアップル社を立て直すために CEO（最高経営責任者）に返り咲いたスティーブ・ジョブズがデザイナーのジョニー・アイブと組んだ経営再生への一撃であった。これは、経営の巨人ピーター・ドラッカーが述べる「企業の目的は、顧客の創造である」[2]を彼らが実践したといえる。つまり、iMac という商品開発（手段）を通じて、パソコンビジネスにおいて、個人ユーザーという新たな顧客を創造（目的）したのである。

　この iMac は技術的にも革新的な特徴を備えていた。当時あたりまえだったフロッピードライブを廃しただけでなく、今日、外部メモリーなどの端子として使用できるようになった USB ポートの普及にも貢献した。また、将来のイ

3章 顧客志向のデザインマーケティング

ンターネット時代を見越した内蔵のホームネットワーキング機能も加えられた。つまり、デザインだけでなく技術的にも革新的な提案がある新しい商品であった。

　これは、ジョブズのデザイン主導の開発が反映されている。ジョブズが去った後のアップルでは、技術者が仕様や要件を決めて、外観のデザインを考えるというエンジニアリング主導のプロセスになっていた。それがアップル衰退の要因だとジョブズは強く感じて、再び元のプロセスに戻して開発したのがiMacである[1]。

　なお、このデザイン主導の開発の考え方は、後述するデザイン思考にも関係してくる。また、調査仮説から提案を行う従来のマーケティング理論とは異なる開発手法で、デザインマーケティングの提案手法でもある。

　このスケルトンデザインは流行現象になった。後に、電卓やボールペン、腕時計、椅子、スピーカーなどで、スケルトンデザインを採用した商品が生まれた。新しい時代のデザイン表現としてはじまったが、今日ではデザインスタイルの一つとして定着している。なお、綺麗なスケルトンにするためには、透明感のある歪のない曲面を表現できる金型・成型技術の確立、内部の機構や電子回路部へのデザイン的な配慮も必要である。

　一方、iMacには、もう一つの世間を騒がせた出来事があった。それがiMacのデザインの知的財産権に関する訴訟である。ソーテック社が発売したパーソナル・コンピュータ「eOne 433」の青色のスケルトンボディのデザインはiMacを模倣したものだとアップルが訴えたのである。この製造販売禁止等請求訴訟はメディアで大きく報道された。人々がデザインという無形の知的財産権の大きな価値を理解するよい機会にもなった。そして、裁判所から製造および販売を禁止する仮処分の決定が下された後、2000年1月に和解が成立した。なお、ソーテック社の製品は銀色ボディになって再発売された。

　この勝訴の結果、マーケティングの視点からは、スケルトンデザインのiMacは市場的には知的財産権を用いて他社の参入を許さない「ブルー・オー

シャン」になったといえる。今日、既に述べたように差別化でなく、区別化と呼ぶべき、高付加価値を持つ新しい市場創造であるブルー・オーシャン戦略が注目を集めているが、iMac はこのデザインマーケティングの代表的な先行事例と考える。

　また、パソコンを文書作成などから、個人で音楽や動画などのコンテンツを楽しむ道具にシフトさせたのは、コトラーのラテラル・マーケティングの思考法とも言える。

　この後のアップル社の快進撃を支えた有名なスローガンがある。それが、1997 年のアップルコンピュータの広告キャンペーンのスローガン「Think different」である。このスローガンのもと、ブルー・オーシャン戦略を続けているといえる。この強力なスローガンは、その後の製品デザインの基本コンセプトになった。このスローガンは「発想を変える」や「ものの見方を変える」、「固定観念をなくして新たな発想でコンピュータを使う」というように、今までとは全く違う考え方である。

　なお、このスローガンは、パソコン市場におけるアップル社の直接のライバルである IBM のトーマス・J・ワトソン初代社長が生み出した標語「Think」を強く意識したものであった。このスローガンにより、IBM の PC/AT 互換機と Windows の購入を考えている消費者に対して、アップル製品がより賢明な選択肢であることを訴えた。

　スティーブ・ジョブズの有名な言葉がある。「多くの場合、人は形にして見せて貰うまで自分は何が欲しいのかわからないものだ」（Wikiquote より）。つまり、人々に欲しいものを聞いても何が欲しいかはわからない、提案してはじめて欲しいものがわかる。このことから、ジョブズはマーケティングを不要と感じているのではないかと思われていた。

　しかし、アップル社には「ソフト × ハード × サービス」の相乗効果を狙った確固たるマーケティング戦略があると言われている。

　具体的には、マーケティングの「4P 理論」の視点で説明すると、まず商品

（Product）は、シンプルなデザインで、今までにない「感覚的な操作が可能」なユーザーインタフェースを採用、流通（Place）は、アップルストアでの優先販売（老舗の戦略）や、iTunes Store でのみコンテンツを販売するという戦略、価格（Price）は、世界統一価格で通信定額性プランが標準装備されているというマーケティング専門家の分析がある。

　アップルのデザイン思想であるシンプルなデザインは、消費者の心理を巧みに捕まえている。つまり、シンプルだからこそ使いやすく、どの年代の人も選びやすい。また、同じデザインのもので揃えたくなり、一度アップル製品を購入すると、自然と他もすべてアップルの製品でまとめたくなる。つまり、1章で説明した CRM のマーケティング戦略にも関係してくる。また、LTV（Life Time Value）の生涯価値とも関係する。

　さらに、アップル社の製品が他社の製品よりも割高であることは、前述したように値引きがなく高価だと良い製品に違いないという感情が起こる心理学の認知的不協和理論に基づいている。ソニーストアを模したといわれるアップルストアも、他社製品と並べず専門店（量販店では、専用の展示ブース）のみで販売するという、世界の高級ブランドの有名なブランド・マーケティング戦略を採用している。このようにアップル社は消費者の心理を有効にマーケティングに用いて成功していると言える。

3.10　機能をマイナスするデザイン

　デザインマーケティング関係の交流会で、ベテランの商品企画者と会話する機会があった。その際に印象に残った言葉がある。それは、商品企画は引き算

であるという内容であった。引き算すると新しい価値が見えてくるという。足し算をして作り上げた企画書は企画会議で一時的に合意が得られても、その製品価格を算定したら高すぎて即座に否決されるという。

この考え方の典型が有名なソニーのウォークマンの開発である。歴史に残る製品開発の物語なので、多くの関係資料が書籍として、あるいはソニーのホームページ上に残されている。関係したメンバーの立場の違いで、その内容に多少温度差はあるが、その開発の中心人物であったデザイン出身の元ソニー取締役の黒木靖夫の資料を基に [11] [12]、デザインマーケティング戦略という視点からウォークマンの商品開発を解説する。

開発の経緯は、まず、報道記者を意味する「プレスマン」という小型のカセットレコーダーがウォークマンの原型である。若手のエンジニアが趣味でプレスマンを改良し、ヘッドホンで音楽を聴くためのステレオプレーヤーとして使っていた。それを見た黒木が、当時ソニー名誉会長だった井深大と会長の盛田昭夫に見せたところ、二人とも大変興味を持ち、本格的な開発が始まった。

初代モデルを開発するために、画期的な技術のイノベーションは必要ではなかった。小さな筐体でステレオ再生が可能になるよう既存の技術を改良すればよく、新規開発したステレオ用ピンジャック以外は、当時のどこの大手家電メーカーでも製品化が可能であった。

筆者は、1978 年に三菱電機に入社して、インハウスのデザイン部門でデザイナーとして働くようになった。新人研修が明けて配属になった時、メンバーらは部門の自主研究で「90 年代のデザイン」というテーマで先行デザインの提案を行っていた。筆者もそのアイデア展開に途中から参加した。そのたくさん提案されたスケッチの中に、ウォークマンと同じコンセプトの屋外で聴く携帯音楽プレーヤーのスケッチがあったのを鮮明に記憶している。

何故、そのスケッチを鮮明に覚えているかというと、ウォークマンの初代機が翌 1979 年に発売されたからである。その発売はデザイン部門内でも大きな話題になった。スケッチを既に見ていた商品企画のメンバーや技術者は皆、地

団駄を踏んだ。

しかし、筆者の会社が製品化を行ったかというと、やはり、新しい技術開発の要素も乏しく、あまりにもブルー・オーシャンの市場なので経営リスクが高く、製品化を優先するスケッチには選ばれていなかった。なお、前述のコンパクトオーディオと縦型プレーヤーは、この先行デザインから生まれた。

デザインマーケティングの視点からは、この製品化するかどうかの違いの一番大きな要因は、プロトタイプ思考にあると筆者は考える。つまり、ソニーでは、若いエンジニアが改造したウォークマンのプロトタイプ（試作機）を楽しく使っていたという点である。実際に動作するプロトタイプを「ホットモック」と呼んで、デザイン開発では、開発の川下で制作されることがある。なお、アイデアスケッチは、別名、ペーパープロトタイプと呼んでいる。

このホットモックの訴求力は極めて高く、それを使いながら、いろいろと創造性を生む「気づき」が誘発される。スケッチではそれを見る側のイメージ力（空間的に想像する能力）が求められるため、ホットモックに比べて訴える力はかなり弱い。なお、このプロトタイプ思考は、次の4章で説明するデザイン思考のキーワードとなる。

2番目の大きな成功の要因は、ソニーの経営理念にあった。黒木はこの要因が大きかったことを雑誌[12]の中で、次のように述べている。

『「人のまねをしない、人のやらないことをやる」という経営理念があったことが大きいと思う。当時ラジカセなどのカセットデッキは「カセットレコーダー」と呼ばれており、録音機能があることが前提だった。

録音できず、聴くだけの機械に需要があるはずはないというのが業界の認識だったのだ。販売部門も難色を示したし、実際、発売したときも一行も記事にしなかった全国紙があったほどだ。周り中から「売れそうもない」と思われていたのだ。

しかし当時の経営トップは「売れそうもない」と思われ、他社が手を着けないものだからこそ、やる価値があると考えた。他社が既に参入している市場に

後から乗り出しても、価格競争で利益は得られない。だれも手を着けていない市場なら、外れるリスクもあるが、当たれば利益を独り占めできる。』

3番目の成功の要因は、短サイクルで新しい製品を多く投入して、ブランドに厚みを持たせたことである。つまり、この新しい市場に参入してきた多くのメーカーとの差別化が、短サイクルの製品投入で可能になった。また、市場でたくさんのウォークマンを目にすることになり、単純接触効果のザイアンス効果が促されてブランド認知が向上した。

初号機が大ヒットしたため、競合他社からのデザインも含めた同質化戦略が予測された。そこで、2号機は図3.8に示すように、更なる小型化とテープレコーダーのイメージを払拭した斬新なデザインであった。これは、「新しいコンセプトには新しいデザイン」というデザインマーケティングの基本を示すものである。

なお、予測通り同質化戦略の他社は初号機のデザインイメージに近いものを投入した。筆者はこの2号機のデザインが発表された時、開発企画のメンバー間で唸ったことを強く記憶している。競合他社の新製品のデザインは、量販店の展示コーナーではまるで旧型品のようであった。

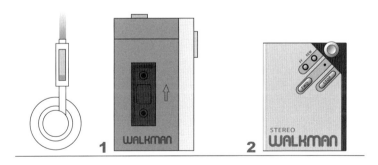

図3.8　ウォークマンの初号機から2号機へのデザイン変化

3章　顧客志向のデザインマーケティング

　4番目の成功要因は、製品開発の当初からデザイン性を重視し、最初にデザイナーが商品の仕様を検討し、これを実現する機構を設計担当者が練り上げるというデザイン優先の手法（プロダクト）の採用であった。また、より小型化できる機構のアイデアもデザイナーが積極的に設計側に提案した。その結果、製品のデザイン的な差別化が進んだ。

　5番目の成功要因は、若者層へのターゲティングを徹底し、その層に向けた集中的な情報発信（プロモーション）である。たとえば、「ポパイ」に代表される若者向け情報誌への広告やトップアイドルとの契約による彼のファンの取り込み、若者向けの雑誌の記者への積極的な情報提供などが挙げられる。また、最後の要因は、若者向けの価格戦略（プライス）として、設計者がコストダウンを重ねて、彼らが購入できる価格帯にするという目標を実現した。

　以上のように、見本となるような顧客志向のデザインマーケティング戦略である。若者が通学など移動しながら音楽を楽しみたいという中核的なベネフィット（交換価値）を実現したのがウォークマンの開発であった。今日、ウォークマンの発売から約30年を経て、製品というハードではなく、インターネット音楽サービスの視点から新しいウォークマンが求められている。それについては、次の4章で解説する。

　さらに、マイナスするデザインのもう一つの事例となるのが、当時、ステレオ音源が可能になるテレビの音声多重放送の開始を控えて、その新しい技術コンセプトを受けて新しいデザインを行ったソニーの「プロフィール」（1980年）の開発であった[12]。具体的にはスピーカーもチューナーもないブラウン管だけのテレビ受像機で、正確にはモニターと呼ぶべき製品であった。

　このデザインは、前述のAV戦略に繋がるテレビのコンポーネント化の魁（さきがけ）となった。また、ある意味、日本人の美意識の特質である「否定の美学」に通じるものを感じる。

　この製品は、今日の標準的なデザインの考え方になりつつある「機器の没個性化」というデザインマーケティング戦略の始まりであった。当時、家庭の中

で多くの製品デザインが個性を主張して、おもちゃ箱のような住空間に向かっていた。ソニーには時代を先読みする優れたコンセプトのデザインマーケティング戦略があった。

3.11　マーケット・クリエーション

　ウォークマンのようなマーケット・クリエーション（市場創造）をした新しい生活スタイル提案の製品デザインは、どのように使用するのか理解できないため、特に営業の関係者には拒否反応がある。また、市場に導入しても直ぐ消費者に理解してもらえるとは限らない。

　ウォークマンの場合は、開発メンバーらがヘッドホンをして、山手線に乗りデモンストレーションを行ったが、大きな効果があったとは言えなかった。最も効果があったのは、当時のアイドル歌手の西城秀樹が月刊「明星」の見開きでウォークマンを付けてローラースケートしている写真で、これを契機にウォークマンがヒットし始めたと言われている。これは、製品の使い方を一枚の写真が視覚的かつ的確に教示したともいえる。

　ソニーの創業者である井深大は、マーケット・クリエーションをするためには、マーケット・エデュケーション（市場の教育）をしなくてはならないと述べている。つまり、新しい商品は、どのように使うのか、どのように使えば生活が便利になるのか、誰もわかっていないので、人々にそれを教えてあげなくてはならない。市場を教育することが、市場を創造することになると述べている[12]。

　筆者が所属していた会社にもベターリビングセンターという新しいライフス

タイルを提案する建物があった。商品研究所とデザインセンターが共同研究した近未来の商品が展示されていた。敷地内に照明機器の製作所があったことから見学者も多かった。見学者に、提案商品の受容性をアンケート調査などで確認していた。

　各社でも同じような方法で生活提案が行われていた。お台場の東京ビッグサイトなどの大きな展示会場での各社の展示ブースで紹介される提案商品やサービスも重要なマーケット・エデュケーションの機会である。消費者の反応を直に感じることができるため、筆者らのデザイン部門もその機会を利用して積極的にデザイン提案を行った。

　最近は、大手のテレビ通販の商品紹介でも優れたプレゼンテーションが見られる。企業と連携したネット通販でも、単に売るだけの説明ではなく、新しい使い方を紹介あるいは提案するなどの多くの試みが行われている。

4

人間中心の
デザインマーケティング

DESIGN MARKETING TEXTBOOK

4.1 多様化する人々の価値観

　コトラーがマーケティング 2.0 と呼ぶ時代に、近代的なマーケティング理論が多くの企業の商品開発で導入されると、熾烈なレッドオーシャン市場が蔓延した。その結果、多くの分野の製品が価格や機能では差別化できないコモディティ化した。コモディティ化すると、果てしない低価格競争の泥沼から抜けだせなくなる。その究極が日本で登場したザ・ダイソーなどの均一ショップである。

　一方、図 4.1 に示すように、人々の価値観が物の豊かさから心の豊かさへ変化し、1990 年頃から顕著にその差が開いてきている。つまり、人々のモノ離れが急速に進んだ。この時期に開園したのが東京ディズニーランド（TDL）である。

　人々の関心は、モノを購入して豊かで便利な生活を実現することから、海外旅行やディズニーランドなどの、時間を消費することで感じられる、心の満足感や楽しさに移ってきている。このモノの消費からコトの消費へという時代の変化に対応するために、デザインとマーケティング理論は新たな方法論を模索しなければならなくなった。

　一方、この 1990 年代に入るとインターネットが生活の中に浸透し、アマゾンなどに代表されるネット通販、各種のチケット予約や購入、料理レシピの検索など、生活全般で ICT 化の恩恵を享受するようになった。また、Twitter や Facebook、LINE といった SNS の登場で、人々のコミュニケーションのあり方が激変しただけでなく、購入履歴などに基づいた新たな広告宣伝の手法も誕生した。

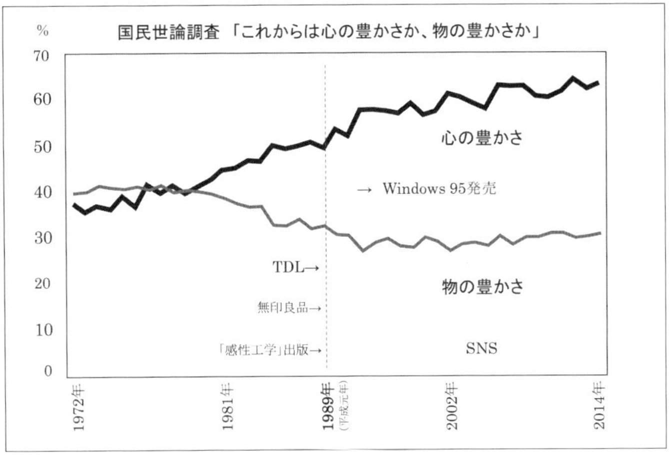

図4.1 物の豊かさから心の豊かさへの価値観の変化[1]

　このコミュニケーションの変化により、口コミ情報などで顧客の方が企業側よりも多くの商品・サービス情報を持つという逆転現象が起こった。そのため、マーケティング側は、クラウド上にあるSNSの膨大なデータを解析することや、SNSのグループインタビューMROC（Market Research Online Community、詳細は5章で解説）で、顧客がどんなことに関心があるかを分析しはじめた。これは顧客と一緒に商品やサービスを開発する時代に入ったことを示す。

　企業側は、価値交換という手段を用いて顧客にモノを購入してもらうという立場から、人々が顧客という概念を脱却して、文化的で感性豊かな人間らしい暮らしを営むのを、さらにコトラーのマーケティング4.0が示す人々の自己実現を、お手伝いするという立場へと向かう必要に迫られた。

　新しい時代の解決法（ソリューション：solution）は一つではないことは明らかである。そこで、本章では、人間を中心にして、本当の文化的な豊かさを実現するためのデザインを用いて新しいマーケティング理論の考え方をどのよう

に展開したか、またはすべきかを、筆者が担当したデザイン事例も含めて、デザインマーケティングの視点から考えて行く。

4.2　デザインで社会問題を解決する

　コトラーのマーケティング3.0の目指す「世界をよりよい場所にすること」を実践するデザイン活動のひとつが、1990年頃から始まった世界的な活動のユニバーサルデザイン（Universal Design：UD）である[2]。

　この時期、日本は全人口に占める65歳以上の比率が14％以上の高齢社会に突入していた。そのことに対する企業の社会的責任（CSR）、企業のミッションやビジョンをもとに解決することが、これから大きくなると予測される高齢者市場に向けた代表的な人間中心のデザインマーケティング戦略と言える。また、未来を担う子供たちに向けてのキッズデザインも日本で誕生している。

　このUD活動は、従来のように顧客のニーズから製品をデザインするのではなくて、社会環境の変化を踏まえて、このような世の中にしたいという社会的なビジョンをもとにしたデザイン活動である。今日、世界から日本を訪れる外国人からも、日本のUD製品は高い評価を受けている。特に、トイレ関係のUDは傑出している。

　バングラデシュなどの途上国から世界に通用するデザイン・ブランドつくることを目指し、優れた実績のある山口絵理子が代表を務める会社、「マザーハウス」がある。人々は製品を購入することによって、貧困問題に対する社会貢献とモノの裏側にある物語性を買っている。デザインによるソーシャル・マーケティングの代表例ともいえる。

このような時代のデザイナーには、マーケティングや経営学を含めて、高い教養（哲学、文学、芸術、政治経済、科学技術）が求められている。

ユニバーサルデザインの誕生

　ユニバーサルデザインは、建築家で車椅子を使用していたロナルド・メイス（ノースカロライナ州立大学）が提唱した新しい概念である。この運動の背景には、デンマークのバンク・ミケルセンの提唱するノーマライゼーションの考え方、そして1981年に国際連合が決議した国際障害者年の「完全参加と平等」からの人権意識の高まりがある。

　その決議から、アメリカではハンディキャップを持つ人たちの社会参加を積極的に推進するADA法（Americans with Disabilities Act of 1990）などの各種の法律が制定された。なお、このADA法に合致しない製品はアメリカの公的機関や大手企業に輸出できない規制があり、日本のメーカーはその対応に一時奔走した。

　しかし、せっかく制定されたこの法律も、抜け道がたくさんあるため、関係者には大きな不満があった。そこで、法律で規制するのではなく、多くの人々の善意をもとにした活動になった。つまり、UD製品や施設などを皆で積極的に評価することや、UD製品を購入しようという社会的な啓蒙運動である。

　たとえば日本では、ユニバーサルデザインの建物は税制上の優遇や認定を国から受けることができる。また、ユニバーサルデザインの基準（UD 7原則など）を満たした製品を、各社および団体が独自のUDマーク（図4.2左端、コクヨ）を付けて啓発している。

　図4.2左から2番目は、高齢者や障害者等を含む多数の人が利用する施設を示す認証マークである。その右の対になった2つのマークは、目や耳の不自由な子供も一緒に遊べるように工夫された玩具であることを表すマークで、盲導犬マークは手ざわりや音で知らせるなどの工夫を、うさぎマークは音の調

整、視覚や振動などをとおして楽しめるように工夫されていることを日本玩具協会が認証している。

　日本では、健常者と高齢者や障害者が共に使えるように配慮された製品を「共用品」と呼んでおり、現在、公益財団法人共用品推進機構が、誰もが使いやすい製品やサービスを推進し、より多くの人々へ普及させる活動を行っている。

図 4.2　UD とキッズデザインのマーク（関係サイトから引用）

ユニバーサルデザインの製品化

　日本で最初の UD 製品は容器の側面に凸形状のギザギザを付けた花王のシャンプーである。「洗髪の際、目を閉じたままでもシャンプーとリンスの区別ができるようにしてほしい」という意見から 1991 年に製品化された。

　デザイン段階から目の不自由な方々にも被験者になってもらい、数多くのサンプルを調査・分析し、最適な「きざみ」の形状の基準が求められた。それを特許公開し、また JIS にも認定申請し、他社でも自由に使用できるようにした。この花王の UD 活動は多くのメディアで大きく取り上げられ、売り上げだけでなく、ブランド価値の向上にも大きく貢献した。

　家電製品で最初と言える有名な UD 製品は、1996 年に発売された三洋電機の「IH 調理器 IC-BF1」である。この IH 調理器は、火を使わずプレート自体は熱を発しない機構で、ガスコンロや電気ヒーターに比べて安全性が高いという大きな利点がある。高齢者や障害者に最適の製品であった。

しかし、ガスコンロや電気ヒーターの数倍もする価格で、新しい価値と新しいターゲットである顧客を開拓しないと売れない製品であった。そこで、デザイン部門を中心に、当時その活動が知られるようになったユニバーサルデザインに着目して、UD製品としての商品開発が始まった。

　開発にあたっては、視覚障害者福祉施設や盲学校の協力を得て、操作性やインタフェースの調査を繰り返した。その結果、黒基調の文字とのコントラストが明快で認知性の高いカラー計画を採用した。また、大きな文字のシンプルでわかりやすい操作パネルとし、さらに音声ガイドも付け加えた。高い評価を得て、モデルチェンジの早い家電製品の中では珍しいロングライフ製品となった。

　このように、視覚や聴覚に障害がある人に対応するために、五感のすべてを活用したインタフェースデザインが用いられている。操作パネルの文字や図記号、絵文字の大きさ、カラーコントラストや表示用語のわかりやすさといった視覚的な表示の他に、凹凸や点字で表現する触覚記号や音声による伝達手段を備えている、操作の方法や手順を間違えずに行える、さらには誤操作を防止するための仕様やアラームが設けられているといった点が求められる。

　その他、住宅関係では段差がない床、勾配の緩い階段と手すり、車いすが楽に通れる通路幅や引き戸のトイレ、浴室などの配慮をしたユニバーサルデザイン住宅が広い年代層から高い評価を得ている。また、社会参加によって障害者が使用することの多い事務用コピー機は、メーカーが協議会を設立して、UD視点からアイコンや用語、レイアウトなどの標準化を行った。

コクヨのデザインマーケティング戦略

　デザインマーケティング戦略的に注目されるのが、文具メーカーのコクヨである。1991年に最初の常設店舗を開設したザ・ダイソーの「100円ショップ」の登場で、コクヨは価格競争では完全に敗北した。

　そこで、レッドオーシャンからブルーオーシャンへと舵を切って、差別化で

4章 人間中心のデザインマーケティング

はなく区別化の戦略として、前述の三洋電機と同じように、ユニバーサルデザインに注目した。彼らのデザインマーケティング戦略の特筆すべきことは、社内のデザイナーだけでなく、広くユーザーと一緒に新しいUD製品を開発するという共創を行ったことである。

特に、コクヨデザインアワードに応募したユーザーの受賞作品の消しゴム「カドケシ」（図4.3の右端）が、2005年にニューヨーク近代美術館（The Museum of Modern Art, New York／以下MoMA）の「MoMAデザインコレクション」に選定されるなど、極めて優れたデザイン作品も生まれている。

さらに、この斬新なデザインが高く評価されて、「2003年度グッドデザイン賞」の受賞やJIDAの「デザインミュージアムセレクションVol.6」選定、国際交流基金が主催する「現代日本デザイン100選展」にも入選している。なお、幅広いユーザー層から支持を得て、2003年5月の発売から2年間で250万個を超える販売実績を達成している。

もちろん、コクヨからはこれ以外にも優れたデザインのUD製品が発売されている。ユニバーサルデザイン運動は約30年近くの歴史があることを踏まえ

図4.3 消しゴム「カドケシ」（コクヨ・会社情報のサイトより引用・編集）

ると、文具という比較的安価な商品のため、アーリーマジョリティまで顧客層は広がると考えられる。

ユニバーサルデザインの開発事例

筆者がいた会社のデザイン部門も、いち早く研究所全体として、ユニバーサルデザインに関する情報の収集とデザイン提案を行った。ユニバーサルデザインということで、理論的には広い年齢層がターゲットになる。しかし、それではデザインを落とし込むことが難しいため、主に高齢者にターゲットを絞った。そこで、まず実施した調査が、高齢者の身体寸法と、高齢化による身体能力の低減の度合いであった。

調査の結果、高齢者女性の使用頻度が高い現行の洗濯機や冷蔵庫は、身体寸法的には少し大きいことが明らかになった。また、掃除機は、筋力が低下している女性の高齢者にはかなり重いことが明らかになった。その検討を踏まえて、次の提案を行った。

①洗濯機：車椅子使用者や背の低い人は底まで手が届かず洗濯物が取り出しにくい問題があった。その改善策として、従来の製品より本体の高さを低く、洗濯槽を浅くすることにより、取り出しを楽にした。高さが低くなることで、車椅子でも洗濯物の出し入れが容易にできる。

また、視覚障害者には操作の状態が分かり難いため、点字表示や基準となるボタンに、凸点を設ける。設定ボタンの基準値で報知音を付けた。

②冷蔵庫：高さを低くして、ハンドルをつかみ易いデザインにした。

③掃除機：ホースを軽くて細くして、ごみ捨てもワンタッチ式を採用した。なお、発売後、ダイエットで筋力が落ちている若い女性の購入者も多いという予期せぬ結果も伴った。したがって、本来の意味の UD 製品になった。

④エレベータ：公共用として一度設置されると半世紀近く使用されるエレベータにも、ユニバーサルデザインを業界で最初に提案・導入した。視覚障害

者と高齢者の協力を得て、エレベータの階数表示の凸文字化の調査・実験を行った。実験で得られた結果をもとに製品化し、さらに標準化も進めた。

　さらに、従来の操作パネルは開閉ドアと同じ平面上に配置されていたが、その位置は車椅子利用者には、入った時に背面になる不便があった。そこで、操作パネルを入り口に向かって右手の面に配置した。さらに、車椅子利用者が操作しやすいように、健常者でも使いにくくない範囲で操作面を下の方に移動した。

　デザインマーケティング戦略としては、進展する超高齢社会（65歳以上の人口比率が21％以上）に向けて、公共施設や百貨店などの公共性の高い建物にはユニバーサルデザインが強く求められると予測した。また、エレベータビジネスの差別化は難しくなってきていたため、新しい価値としてのユニバーサルデザインは営業的に高い訴求ポイントになった。

⑤炊飯器：当初は、糖尿病患者の増加で弱視者が多くなってきたことを背景に、日常生活に不可欠な炊飯器をバリアフリー化するデザイン開発から始まった。弱視者や高齢者が文字を確実に読めるためにはコントラストが高くなければならないことは実験からも判明していた。そこで、真っ黒な上蓋で、真っ白な大きな読み易い文字、必要に応じて音声ガイドを加味したデザイン提案を行った。

　ホワイト系の炊飯器が主流の時代に、真っ黒な上蓋とステンレス板を巻いた本体は消費者に受け入れられないのではないかという評価が営業部内であった。営業幹部は葬式の引き出物のようだと酷評した。なんとかデザイン提案を製品化したいと思い、販売数が見込めなくても問題のない高額の最上位の製品として販売してもらった。

　発売後、視覚にハンディキャップのある人達から高い評価を受け、彼らのネットワークで製品情報がすばやく広まった。また、高齢者からも高い評価を受け、UD製品としてメディアにも取り上げられた。その後、ほとんどの競合他社からの同質化戦略がはじまった。まだSNS時代の前であった

が、口コミの威力を実感した。

キッズデザイン

　少しでも怪我や事故で亡くなる子供を減らす手助けを、デザインで行おうとする日本独自のキッズデザインの運動がある。この運動を推進するキッズデザイン協議会は、「子どもたちの安全・安心に貢献するデザイン」「子どもたちの創造性と未来を拓くデザイン」「子どもたちを産み育てやすいデザイン」のデザインミッションを持って運営している。

　3つのデザインミッションの理念を実現し普及するための顕彰制度としてキッズデザイン賞があり、受賞した製品はキッズデザインの認定マーク（図4.1右端）を使用することができる。その他、各種の啓蒙活動がある。詳細は省略するが、数多くの優れたキッズデザイン作品を認定してきている。この賞を取ることで販売促進やブランド価値を高めることに貢献できる。

　キッズデザインの多くの認定作品を協議会のホームページで受賞年度別に閲覧できるが、筆者の会社で初期に認定された作品として、図4.4に示す「蒸気レスIHジャー炊飯器」（2009年度）がある[3]。以前から炊飯器の蒸気に対する不満（やけどと家具の劣化）があった。特に蒸気による子どものやけどが多発していた。この2つを同時に解決するために、蒸気の出ない炊飯技術の確立

図4.4　蒸気レスIHジャー炊飯器

4章 人間中心のデザインマーケティング

と、棚にすっきりと収納できる（丸ではなく）矩形のデザインが提案された。受賞理由は次の通りである[3]。

「子どものやけど防止とおいしさ、キッチンでの収納性を同時に満たす機能はキッズデザインのテーマにふさわしい。炊飯器からは蒸気が出るものであるという常識を覆すアプローチは多様な製品開発の参考になるものであると考えられ、大賞受賞とした。」

4.3　日本文化に根差したデザイン

感じ良いくらしの提案

ユニバーサルデザインと近い考え方に、今日、世界が注目している無印良品のデザインがある。一人の経営者とデザイナーが打ち立てたビジョンによって誕生した。その経緯を会社設立から次に説明する。

1977年に、西友はプライベートブランド（PB）商品を充実させるため、デザイナーの田中一光らの提案による「SEIYU LINE」を発表した。その後、それらの商品をプロトタイプにしてラインナップを追加し、田中一光が発案した英語のノーブランドグッズ（No brand goods）の和訳である「無印良品」をブランド名として採用した。

1989年には、西友の子会社として、（株）良品計画が設立された[4]。このように、無印良品は、小売業のビジネスマンが創業したのではなく、デザイナーが作ったといえる会社である。なお、この頃、筆者のいた会社でも無印良品に提供する商品のデザインを行った。

西武グループの創業者一族で小説家の堤清二の魅力や才能から、経営とデザインがとても近いところにあった。田中一光をはじめ、多くのデザイナーやクリエイターが集まり、その中で無印良品が生まれた。無印良品の初代アートディレクターの田中一光は、「無印良品は最良の生活者を探求するために作られた」と述べている[5]。

　従来の企業であれば「最良の商品を生活者に提供する」であるが、無印良品の場合は、全くその逆の考え方である。この視点が、当時の次世代のデザインマーケティング戦略を先取りしていた。

　堤は、無印良品を、景気後退後の低価格戦略や、新しいデザインや流行を取り入れ宣伝で売り込むような資本の論理に陥ることなく、人間の論理を優先したいと考えていた。1980年代の高級品志向に対する対立命題として誕生して以来、無印良品は、常に日本的な美意識である「簡素なモノの中にある美」を追求してきた。最近では、「感じ良いくらし」の提案という言葉を理念に掲げている（図4.5）。元代表取締役社長の金井政明は、このキーワードについて、次のように述べている[5]。

　「『感じ良いくらし』という言葉が生まれたのは、東日本大震災がきっかけ。

図 4.5　無印良品のホームページ（https://ryohin-keikaku.jp/csr/）

当時、我が社も例にもれず、照明を半分に間引いたり、エレベータを止めたりと節電を行った訳ですが、そのときに社員の皆が口にしたのは『灯りは半分で十分ですね』とか『階段を使ったほうが体にいいですよね』といった肯定的な言葉ばかりだった。つまり、自分の事よりも共同体への意識で、抑制したり我慢したりすることは、むしろ『感じ良い』ものだと。」

「人間の生活は、さまざまなモノたちとの『くらし』でもある。たとえば普段座っている椅子ひとつとっても、『椅子と一緒に暮らしている』と考えた方が、より豊かな生活が送れると思うのです。」

このように、前者は、マーケティング理論が追い求める顧客のより高い欲望の追求ではなく、自制された欲望である。また、後者は、禅の研究で著名な鈴木大拙[6]が述べている日本人の自然観である「自分とその環境とを一つのものに見る」を感じさせる「くらし」のとらえ方である。

また、金井は「手前味噌ですが、私は無印良品の生活美学は、日本人として世界に誇れるものだと思っています。そして、現場で働いているスタッフもまた、この美学を多くの方々に知って欲しいと強く願っている。現場の社員一人ひとりが、無印良品のコンセプトを理解し、ビジョンを共有できているのです。」と述べ、働きがいのある会社を目指している。

このように、無印良品のメンバー全員が一体となって、「感じ良いくらし」の提案を、人々に伝道しているとも言える。つまり、無印良品の「感じ良いくらし」の考え方のファンを増やす啓蒙活動で、その意味では、ドラッカーの「マーケティングとは顧客の創造」という考え方にも符合する。

デザインを否定したデザイン

無印良品は資本の論理に陥ることなく、生活の基本となる本当に必要なモノを、飾ることなく、必要の本質を商品にするコンセプトでスタートした。一方で、無印良品のデザインは、「デザインを否定したデザイン」とも言える。当

時は、モノを売るために次々と消費される形がデザインだと呼ばれていたことに対し、デザインの本質や本来の役割は何かといった批評を内包しながら、無印良品はスタートした。

展開商品が200品目を超えた頃に、「無印良品の商品だけの展示コーナーを作ろう」という話が持ち上がったという。「色の天才」と呼ばれていた田中一光がその展示コーナーを見たとき、「まったく色の無い世界、素材色、無彩色の新大陸を発見した」と述べている[5]。無印良品の商品の性格上、アップルと同じように、単独の展示コーナーや店舗での高級ブランドの販売戦略を採用している。

世の中の多くが売るためのものとして変容する中で、それに対する反体制商品（アンチテーゼ）として無印良品は誕生し発展してきた。

以上のように、無印良品は、資本の論理に基づくマーケティング理論と対峙する人間中心の考え方で、さらに消費されるデザインを否定する「デ・デザイン」に近い、文化となるようなデザインをコンセプトとして採用している。なお、無印良品の日本文化に根差した人間中心理論のデザインマーケティング戦略は、欧米やアジアでも共感をもって受け入れられている。

マツダの魂動デザインに見る日本美

無印良品のデザインと同じように、日本人の美意識に根差した自動車のデザインを推進している会社にマツダがある。2009年にデザイン本部長に就任した前田育男は、マツダブランドの全体を貫くデザインコンセプト「魂動（コドウ）」を立ち上げ、車だけでなく、販売店のディスプレーの一新やモーターショー会場におけるプレゼンテーションの監修などを行い、マツダブランドの統一を行った。

この魂動デザインのコンセプト、特に次世代ビジョンモデルの"RX-VISION（艶）"と"VISION-COUPE（凛）"が評価され、世界の自動車関係の多くの賞

を受賞している。前田は著書[7]の中で、彼の考え方の背景を次のように述べている。

「マツダの次世代デザインが日本的美意識に根差していることもあり、近年私の関心は日本という国に向かっている。この国の歴史、この国の感性、この国の創造性、この国の精神性……そういうものについて静かに考えを深めてきた。世界の名だたるメーカーと戦うためには日本という国のバックボーンがどうしても必要であり、個人的には欧米諸国と伍するだけのポテンシャルが日本文化に備わっていると感じている。

だが、今の日本はどうだろう？ 日本の美意識はどうだろう？ そのセンスに基づいて作られるメイド・イン・ジャパンのクオリティはどうだろう？ 今後のものづくりの展望はどうだろう……？

傲慢に思われるかもしれないが、私は現場の先頭に立つ人間として、そんな疑念に対する回答を実際の作品として提示しなければいけないという使命を勝手に抱いている。

いいデザインやいいプロダクトは会議室の机の上で生まれるわけではない。ものづくりの魂とは、限りない習作を繰り返すアトリエや、汗と油にまみれた工場や、気の遠くなるほどの長い時間をすごす工房の中にこそ宿るものである。本当の美しさとは、腕の立つ職人が刀のように己を研ぎ澄ませることで唯一足を踏み入れることができる"感性のゾーン（集中状態）"の中しか存在しない。」

以上の内容は、無印良品のデザインと共通するところが多い。日本的な美意識や魂動デザインのコンセプトで一貫して同じようなデザインをする、「デ・デザイン」のデザインマーケティング戦略である。

前田は、フォードがマツダの経営を握った時代に、外国人のデザイン本部長が交代する度にデザイン戦略が猫の目のように変わるのを不満に感じていた。彼は売り上げ至上主義の本部長の考え方に論争を試みたと上記の著書で述べている。

優れたエンジン技術の革新や感性人間工学に基づいたシャーシ構造の刷新なども加味されてではあるが、フォード時代の後、その不満を解決する魂動デザインでマツダの業績は向上した。マツダの企業理念への共感者が顧客になり、彼らはその物語性にも共感している。

　今日、たくさんの商品情報を持つ選択眼の肥えた顧客には、売らんがためのデザインは見透かされてしまう。匠の精神を取り入れた本当にいいものに人々の人気が集まる。また、グローバル化の時代には、逆にローカルな、たとえば日本的な美意識が大きな価値を持つことが、無印良品やマツダのデザインの例で示されている。

4.4　情報のデザイン

　アップルのiPhoneに代表されるスマートフォンの原型になった、1999年1月に発表されたNTTドコモのインターネット接続サービスであるiモードの携帯電話デザインを担当した。その際に、これからのデザインを含めた新しい価値のひとつは、インターネットのコンテンツとインタフェースデザインにあることを実感した。その開発の経緯を説明することで、デザインの新たな分野である情報デザインに関する人間中心のデザインマーケティングについて考えて行く。

直感的なインタフェースデザイン

　このインターネット接続サービスは、世界で最初のサービスのため、ドコモとメーカーが一緒に研究開発をするという体制で始まった。この研究開発に参

加したのは、筆者の会社と松下電器、NEC、富士通の4社であった。その際に、ドコモからiモードの携帯電話の仕様書が配布された。

　筆者は、このハードウェアやソフトウェア、システムの仕様の明細が記載されている分厚い仕様書を開いたとき、パソコンの仕様書ではないかと勘違いした。記載されているたくさんのボタンを、どのようにして携帯電話という小さい製品の中におさめればいいのか、天を仰ぐ思いであった。

　この仕様書を受け取る半年前に、研究所の公開展示で、デザイン部門の先行研究テーマのひとつである次世代インタフェースデザインの成果として、誘導概念のコンセプトをパネル展示していた（7章の図7.3参照）。目的とする操作に必要なボタンだけを画面に表示させる考え方であったので、前述の厚い仕様書のボタン数の問題も解決できた。さらに、初心者でも直感的に使えるという大きな利点もあった。

　この展示を見た本社のドコモ担当営業のメンバーと検討した結果、このコンセプトをもとにしたインタフェースデザインをiモードの携帯電話に採用することになった。この判断の大きな要因になったのは、パソコンの画面上で操作内容をデモンストレーションする動画であった。前章のウォークマンの説明にも述べたように、ホットモック（試作機）と呼べるレベルのデモのため、プロトタイプ思考が働いた。営業メンバーからも直感的に操作できると高い評価をしてもらった。また、後に工場の技術者もデモを通じて、直ぐにその操作内容を理解した。

　ドコモのゲートウェイビジネス部に社外から集められたiモード企画開発の中心メンバーだった松永真理や夏野剛（製品化後に退社）に、そのデモ動画を用いて誘導概念のコンセプトを説明した。リクルートの女性編集長であった松永真理から、「私でも直ぐに使えそう」と高い評価があった。後に、この提案のコンセプトの一部がiモードの携帯電話の標準となった。

　この提案内容をソフトウェアとして制作してもらうために、操作仕様書を作成する必要があった。「このボタンを押すと、この画面が表示され、いくつか

の選択肢の中からこのボタンを押すと、この画面が表示される」という具体的な流れを示す資料である。しかし、デジタル化対応で忙殺されていた技術部門の支援が得られなかった。

そこで、筆者をリーダーとして、デザイン部門に数人のプロジェクトチームを設置した。膨大な操作仕様書の下書きは社外のデザイン事務所のデザイナーに依頼した。そして、工場に常駐したプロジェクトチームの若手デザイナーが、集められた多くの派遣社員に下書きをもとに文書化を依頼した。その資料から関係会社がソフトウェア化した。このように、外部との連携で素早い対応ができた。

回路設計による携帯電話の薄型化は発売に間に合わず、ドコモのD501iとして発売されたこの製品は他社の機種との厚さの差は歴然であった。しかし、直感的なインタフェースデザインは、発売して直ぐに、業界誌に取り上げられて高い評価を頂いた。購入したユーザーからも好評であった。薄型化のトレンドに対応できなかったマイナス面を直感的なインタフェースデザインがカバーした。このとき、この人間的で直感的な使いやすさが、マーケティング的にも新しい価値になると開発関係者全員が実感した。

コンテンツビジネス

このインタフェースデザインの成果を受けて、商品企画部からインターネットサーバーへの展開がデザイン部に提案された。これをマーケティング手法のSWOT分析で考えると、他社に比べて開発者が少なく、デジタルや薄型への対応が「弱い」（Weaknesses）というデメリットがある。一方、業務用サーバーのトップである「強み」（Strengths）がある。また、そのサーバー部門からの支援が期待できるという「機会」（Opportunities）もある。そして、インターネット携帯電話ということから、パソコン化の「脅威」（Threats）も迫っていた。

携帯電話のサーバービジネスを始めるためには、サーバーに何を載せるのか

4章　人間中心のデザインマーケティング

というコンテンツの課題、また、コンテンツということから、表示画面をカラー化しなければならないというもう一つの課題があった。最初に行動したのがカラー化である。2社の大手液晶メーカーと相談した結果、後2年待つと綺麗で明るい新方式の液晶パネルを供給できるとの回答であった。

それまでの大手液晶メーカーの戦略は、販売量の多いリーダーメーカーに最初に提案して、その後に、市場占有率の低いメーカーに提案するのが慣例であった。そこで、リーダーメーカーに先んじるためにも、対応がよかった会社の従来の液晶パネルを採用することにした。

しかし、この液晶パネルではアイドルが日焼け顔の「ガングロ」になってしまう問題があった。そこで、提供するコンテンツは、人物ではなく人気の高いキャラクターに絞った。なお、キャラクターが液晶画面で綺麗な色に見えるように、デザイン部が色パレットを制作した。

キャラクターの著作権を持つオリエンタルランド（ミッキーマウスなど）やサンリオ（キティちゃん）などへ使用許可の交渉に伺ったが、あまりにも新しいビジネスであったため理解してもらえなかった。その中で、玩具メーカーのバンダイだけは違っていた。バンダイは玩具にミッキーマウスやキティちゃんを用いることの包括契約を結んでいるので、バンダイの製品としてデータを販売するのは契約に違反しないとの回答であった。

幸いにも、当時、バンダイでは、世界で最も売れなかったゲーム機という不名誉な称号を持つアップル製「ピピンアットマーク」用ゲームソフトの開発部隊が解雇寸前だった。インターネットやコンピューターに強いその部隊の全面協力を得られ、ビジネスは迅速に立ち上がった。このコンテンツビジネスが開始されると、キャラクターの待ち受け画面のコンテンツ収入が年間数百億円になり、彼らはバンダイネットワークス社として起業した。

筆者の会社でも、コンテンツビジネスに参入しようと考えて、本社営業も含む商品企画部と連携して、多くのビジネス案を会社の幹部に粘り強く提案したが、新しすぎるビジネスであることと大手電機メーカーに向いた事業ではない

という経営的な判断で採用されなかった。その後のコンテンツビジネスの進展を考えると、大手企業発のベンチャー企業を起こしてもよかったのではないとか考える。なお、無料の待ち受け画面をダウンロードできる「MyDstyle」という自社サイトだけは立ち上げた。

コトラーのマクロ環境分析から、ハードウェアからソフトウェアへの移行はその時代のトレンドであった。アマゾンなどに見られるように、インターネットビジネスは最初に始めたところに最大の利益が入るというモデルのため、紆余曲折があったとはいえ、ファーストペンギン（リスクを恐れない最初の挑戦者）としての利益は享受できたと考える。

日本のiモードビジネスに世界中が注目していた中、アップルのジョブズCEOも、待ち受け画面から着メロへと続くコンテンツに高い関心をもっていた。彼は、アップル再生のカギはハードではなくコンテンツであると考えて、音楽ダウンロードサイト(iTunes)を立ち上げた。この事実を顧みても日本メーカーがチャンスを逸したことは明らかである。その原因はドコモなどのキャリア主導の携帯電話ビジネスにあるとも言われている。

次機種のiモード携帯電話（D502i）が発売されると、カラーの表示画面と直感的な高い操作性、MyDstyleとバンダイのコンテンツサイトなど、差別化というよりも区別化に近い顧客価値の高い製品であったため、携帯電話のビジネスで最高の売り上げを記録した。

今日では、スマホの各種アプリを代表に、コンテンツビジネスが盛況である。多くのベンチャー企業も参入している。また、様々な楽しいアプリや、電車乗り換えなどの便利なアプリが普及している。このコンテンツビジネスでは、誰でも使えなくてはならないため、デザイナーの役割は極めて大きい。

新しい価値に対応したデザイン

iモードの携帯電話のスタイリングデザインでも、大きな転換点があった。

4章 人間中心のデザインマーケティング

　筆者のチームの担当デザイナーが、ドコモのゲートウェイビジネス部でのデザインに関する会議に出席した時、机の上にあった松下電器（現パナソニック）の携帯電話のスケッチを見ることができた。そのスケッチは、後のアップルのiPhoneによく似たPDA（Personal Digital Assistant）のスタイルであった。
　PDAとは、予定表やメーラー、手書きメモ帳、ボイスレコーダー、電卓などのアプリを搭載した手帳サイズの携帯端末である。たとえば、ドコモ仕様のカシオ製モバイル端末は、ドコモの携帯電話とつないでインターネット接続するためのアプリが標準で搭載されていた。
　開発力の高い松下電器のiモード携帯電話が最初に発売される予定であったが、携帯電話のメタファーであるテンキー（0〜9のボタン）のない製品は携帯電話ではないとの方針から、ドコモから大幅なデザイン変更を求められた。その結果、iモード携帯電話としては最後に発売された。つまり、マーケティング・マイオピアである。
　ドコモという大きな縦割り組織の中で、PDA部門の業績が良くなかったにも関わらず、組織の壁を越えてインターネット対応の新しい製品を生み出す内部的な地殻変動がなかったためかと推測される。デザイナーが求める「新しい価値に対応したデザイン」というデザイン手法を考えると大きな機会損失であった。
　また、日本独特のiモード方式にも後にガラパゴス携帯と呼ばれることになる要因があった。通信方式の採用は国家戦略と関係してくるため、日本と欧州では異なるデジタル化の方式が存在していた。この戦いに終止符を打ったのが、インターネットの開発言語のHTML4（Web1.0）からHTML5（Web2.0）への移行である。専門委員会のW3Cから2008年1月にドラフト（草案）が発表されるのを受けて、2007年末にアメリカのアップルから世界で最初に草案内容を反映したiPhoneが発売された。
　2008年からHTML5の正式な仕様決定に向けて、各社から草案への仕様変更や追加の提案がはじまった。基本的には、マイクロソフトとアップルやグーグルなどの新興グループとの戦いであった。HTML5は脱パソコン化の仕様へ

進んでいった。アメリカを中心に繰り広げられたこの戦いで、日本と欧州は蚊帳の外に置かれてしまった。

ローカルな携帯電話の市場は衰退して、グローバルなスマートフォンの市場へと、クレイトン・クリステンセンが定義する破壊的なイノベーションが起きた。その結果、欧州最大手の携帯電話メーカーであったノキアは市場から撤退することになった。

携帯電話の中核的なベネフィットに、会話だけでなくネット検索や購入も加わると、画面の大型化が進行した。当時の携帯電話のスタイルには、一体型という画面とボタンが表面に配置されたタイプと、画面と操作部が二つ折りになるタイプ、フリップ式の3つがあった。この中で最も画面を大きくできるのが二つ折りタイプであった。リーダーの松下電器が一体型から二つ折りに変更すると、ほとんどのメーカーが追随した。筆者のメーカーはフリップ式に拘ったため急激に業績が悪化した。トレンドを完全に読み違えた。

日本に何度も足を運んでいたジョブズは、この状況変化を観察していたと言われている。コトラーが述べるマクロ環境を読むことに長けていたジョブズは、この変化をもとにマルチタッチ式のiPhoneのデザインを決めたと推測される。当時、この画面の大型化には部品メーカーも注目していた。

部品メーカーから多くの対応する提案が持ち込まれていたが、その中で、新しいタッチパネルの提案には、デザイナーや商品企画部門も高い興味を示した。その方式は大別して、シートを貼る抵抗膜方式と、シートが不要の静電容量方式がある。抵抗膜方式は広く使われていたが、シートの劣化が表示を読み難くする欠点があった。

新しい静電容量方式は優れていたが、女性の爪では反応しないことや、高齢者の乾いた指でも誤反応が起こるため、検討会議では大きな議論にもならないで見送りになった記憶がある。一種のマーケティング・マイオピアであった。

この検討内容からも、ターゲッティングの範囲が広いことがわかる。ジョブズも同じことは考えていたであろうが、新しい提案アイデアはマイナス面が目

4章 人間中心のデザインマーケティング

立つものであり、マーケティングによる絞り込みで、特徴ある提案を実現化できる。iPhone はまさに絞られたターゲットにとって、本当に必要なものを実現した提案である。

その提案が本質的に魅力的で人間中心のコンセプトであったため、女性の爪に塗るマニキュアに導電性の材料を入れたものや、テーブルから落ちて画面にひび割れが頻発すると、それを防止するケースを提供するメーカーが出てくるなど、優れたコンセプトは受け入れられていった。組織が大きくなるとプラス面よりもマイナス面に気をとられてアイデアキラーになる。プラス面に目を向けたデザインマーケティング戦略が求められる。

デザインによる囲い込み（CRM）

コトラーは顧客維持の重要性を力説している。学生時代に小型車に満足すれば、社会人になると中型車、中年になって大型車と、特定のメーカーの車を愛用してくれる。その継続的な購入ために、顧客満足というマーケティング手法（顧客ロイヤルティなど）を導入すべきと述べている。

デザインの場合、できる範囲は限られている。洗練されたデザイン、つまり前章で解説した「デ・デザイン」（デザインをほとんど変えない）でファンを作る方法と、直感的で使いやすくかつ使いたくなるインタフェースデザイン（詳細は7章で解説）があるとこれまで説明してきた。

前者の方法としては、近代デザインの原点というべき「ミニマルデザイン」がある。機械化の時代が到来して、それ以前の装飾を否定し、不要な装飾を排して、本質的に練り上げられた生産性に適合する造形が生まれた。つまり、「完璧とはこれ以上削れない状態の事である（Perfection is achieved when there is nothing to take away）」となる。また、建築界の巨匠ミース・ファン・デル・ローエの言葉「より少ないことは、より豊かなこと（Less is more）」と、ソニーの「機器の没個性化」が示すように、生活の道具や機器はミニマルデザインに

向いている。

　日本の伝統的な文化や建築、空間の意匠ではミニマルデザインが基本となっている。というよりも、日本の文化を分析したら、それをミニマルデザインと呼ぶようになったのである。俳句や茶道など日本の伝統文化も、「本質的なものを見極め、それ以外のものを削ぎ落とす」という考え方である。

　日本の禅を愛好したジョブズが採用したアップルのデザインに対する一貫したフィロソフィー（Keep it Simple）にもミニマルデザインが示されている。ミニマルデザインの利点は、「美しい」と「分かりやすい」、「伝わりやすい」、「壊れにくい」である。

　一方、直感的で使いやすくかつ使いたくなるインタフェースデザインに慣れると、複雑系経済学でいうところの「ロックイン」されてしまい、それから離れられなくなる。直感的な使いやすさを提案し続けてきたアップルの製品は多くの熱烈なファンを生み出した。アップルのインタフェースデザインの文化性にもウインドウズとは明らかな違いがある。

　たとえば、当初から著名なフォントデザイナーらが創作したヘルベチカやユニバースなどの書体を標準で搭載している。

　以上のように、文化性の高いものは多くのファンができる。このファンの存在こそが、顧客を維持するベースとなる。さらにブランド価値の向上にも繋がる。

4.5　サービスや経験を演出するデザイン

　前節では、ⅰモード携帯電話の待ち受け画面から着メロへと続くコンテンツが新しい価値であると述べた。この新しい価値に、ジェームズ・オグルビーは

1985年に提唱した「経験産業論」で言及している[8]。

その理論では、生活必需品をすでに所有し、物質的欲求を満たされた先進国の人々は、モノの所有より、豊かな経験の欲求、知的向上意識、嗜好の追求、娯楽の享受を求めるようになる、つまり、経験拡大欲求を満足させる産業が盛んになるという考え方である。

経験産業論と経験価値

この経験産業社会でのビジネスは、具体的には、旅行サービス、芸術品の提供、娯楽サービス、レジャー産業、グルメ産業、各種知的教育事業、コンファレンス・サービス、展示見本市、各種ブランド産業、マルチメディア産業における映画、音楽、ゲームなどのコンテンツの制作と配給、インターネットを通じて提供される情報やコンテンツ・サービスなどの幅広い分野と言われている。この分野内容からわかるように、コンテンツは経験的な価値である。

経験産業社会の経済をパインとギルモアは「経験経済」と呼び、図4.6は、経済的な価値がどのように進化してきたかを示す[9]。左下のコモディティ（コー

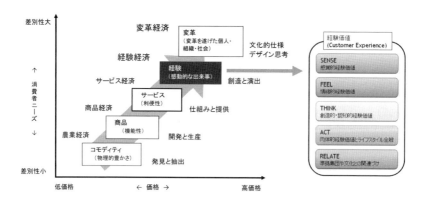

図4.6　経済的価値の進化（一部、岡本慶一氏が編集）と戦略的経験価値モジュール

ヒー豆）が袋詰めの商品を経て、コンビニのカップコーヒー（サービス）から、五つ星の高級レストランやスターバックスの環境の中で味わうと店のインテリアや店員のサービスから受ける豊かで心地よい感覚が顧客にとって「経験」となるまでの流れを表現している。

　なお、B・H・シュミットは、経験価値のマーケティング活動に役立つ戦略として、経験価値の内容を具体的に示すために、図4.6右側に示す5つのモジュールに分類した[10]。

サービス・ドミナント・ロジック

　この経済的価値の進化は、コーヒー豆では見事にあてはまるが、商品から始まる携帯電話の例ではそう簡単ではない。電話は遠くにいる人と話をするサービスから始まった。そこから、移動しながらでも話をできる携帯電話が登場する。そして、携帯電話にインターネットサービスが搭載されるようになると、情報検索や商品の購入、SNS、ゲーム、動画の視聴などパソコン向けのサービスが携帯電話で可能になった。つまり、このサービスの高度化はハードウェアを限定しなくなる。

　つまり、機器を中心とする考え方から、サービスを中心とする考え方へ移行したことになる。これが、2004年にバーゴとラッシュが提唱したグッズ・ドミナント・ロジック（Goods Dominant Logic：GDL）からサービス・ドミナント・ロジック（Services Dominant Logic：SDL）への移行である[11]。

　なお、SDLは経験価値を異なる視点から説明するマーケティング用語と言われている。また、山本尚利は経験価値を感性価値と同義だとも論じている[12]。つまり、経験は手段であり、その経験から得られる感情は感性価値である。

　たとえば、アップルのiPodを、GDLの視点で考えると、決して最先端の商品（グッズ）ではない。当時、iPodよりも軽量で高音質なものはあったが、SDLの視点では、iPodという製品ではなく、iTunesという管理ソフトや

iTunes Storeという楽曲購入サービスまで含めた使用時の快適さや高い利便性が、顧客が受け取る価値を向上させた。なお、iモードの携帯電話サービスでは、各種購入サービスは通信料で支払う、より簡便な仕組みである。

　筆者もこの経験価値とSDLを後で感じた事例を担当した。インクジェットのカラープリンターが登場する前に、欧州市場では身分証明用の高画質の写真を求めるニーズがあった。時を同じくして、研究所では業界最初の高精細な写真画質の昇華型プリンターを開発していた。その製品化のデザインを担当した。

　デザインの基本的なコンセプトは、欧州市場は多言語なので、操作を示す文字を採用しないで、カラーと数字、ピクトグラムを用いて、そして、簡単に取り外しができ、設置性の高いデザインを目指した。ある意味では、誰でも容易に使えるユニバーサルデザイン製品で、かつ欧州の特定企業に収めるB to Bの商品と考えていた。

　印画紙がかなり高価なため、一般顧客のニーズはないと考えていた。したがって、日本国内でも各種の身分証明用のプリンターとしての販売計画を立案していたが、ゲームメーカーのセガの子会社（アトラス）から数十台の購入依頼がきた。どのような使い方をするのかは企業秘密であったので、営業担当者らといろいろと詮索したのを記憶している。

　その使い方が、1995年の発表後に若い人たちの感性を刺激して社会現象にもなった、自分や友達との顔や姿をカメラで撮影して、シールに印刷された写真を提供する機械のプリクラ（プリント倶楽部）であった。

　それまで、製品とサービスは別々なものと考えていたが、この時初めて、サービスから製品を見つめなおす考え方（SDL、経験価値）がデザインマーケティング戦略としては必要であることを痛感した。ただ、メーカーがサービスまでビジネスを広げることへの経営側の理解を得て人材を確保するという課題が当時は残っていた。

　そのSDLの代表格がゲーム関係である。例えば、任天堂Switchはゲーム機であるが、対応するゲームソフトのために販売されており、典型的なSDL

である。他方、この製品は、ユーザーは一度 Switch を購入してしまうと、Switch で動くソフトや追加コンテンツを買わざるをえないというビジネスモデルになる。それが次に紹介するリカーリングモデルである。

リカーリングモデル（ジレット・モデル）

ところで、アトラスに納品した昇華型プリンターであるが、プリンターだけでなく、印画紙も販売していたので、プリクラの爆発的なヒットにより、高価な印画紙の収益の方が遥かに大きかった。これが、とても有名な利益率の高い「ジレット・モデル」である。

なお、今日では、「リカーリング（Recurring）モデル」と呼ばれることの方が一般的である。安定的な収益が期待されるので、多くの経営者が株主総会などで、このビジネスモデルの製品やサービスの採用を推進したいと述べている。

元々のジレット・モデルとは、本体を安価に提供し顧客を取り込み、消耗品で稼ぐビジネスモデルである。K・C・ジレットが、剃刀の本体（ホルダー）部分を無料配布し、替え刃を比較的高めの値段で販売し成功したことから命名された。

このモデルは、ネスプレッソマシン（コーヒーカプセル）、浄水器（カートリッジ）、プリンター（インクカートリッジ）、携帯電話（通信料）等で採用されている。顧客と継続的な関係をもてるので、視点を変えると CRM 手法ともいえる。継続的な利益が望めて、かつ顧客との関係も維持されるため、今後、多くの分野から新しい革新的なリカーリングモデルが提案されるであろうと考える。そのためにはデザイナーの発想力と提案力が強く求められている。

このモデルの新たな方向を示すものとして、2018 年度グッドデザイン賞を受賞したオムロンヘルスケアの個人に最適な歯みがき方法を指導するサービス「Curline（キュアライン）」がある[13]。これは、スマホと連動する音波式電動歯ブラシとアプリで構成されている。なお、この商品は歯科医院でしか購入できない。

4章　人間中心のデザインマーケティング

　スマホの画面には、いま磨くべき場所が青いラインで示され、歯ブラシを当てる角度と、あと何秒磨くべきかも表示される。つまり、指示通りにすれば最適な歯磨きができる。

　このサービスは、コンビニよりも多いと言われている歯科医院が顧客の囲い込み（CRM）、つまり安定的な顧客確保を図ることができる。顧客側は継続的な歯の健康管理サービスが受けられるという利点がある。なお、サービスの運営費用は歯科医院が負担する。これは、ある意味、近江商人の経営哲学の「三方よし」である。

4.6　人間を中心にしてデザインを発想する

折る刃式カッターナイフ

　オルファの創業者である岡田良男が発明した「折る刃式カッターナイフ」も、前述のジレット・モデルである。1961年に「NTカッター」のブランド名で発売した。

　印刷所に勤めていたとき、岡田はナイフやカミソリの刃を用いて紙類を裁断していた。しかし、刃先が磨耗してすぐに切れ味が悪くなる大きな欠点があった。当時の町工場の技術力では解決できない難題であった。しかし、たくさんの試行錯誤の結果、板チョコにヒントを得た「折る刃」のアイデアは、その難題を解決した。世界の刃物を革新的に根本から変えた日本発の優れたカッター製品である。

　これまで、Gマークロングライフ賞（2012年）他、たくさんの賞を受賞して

いる。また、この事例は、昔から多くの大学のデザイン学科で、デザイン視点で製品化された優れた例のひとつとして教えられている。最近では、デザインでイノベーションを起こした製品の例として紹介されることもある。

現在では、個人の使用だけでなく、建築や運送、各種の製造業など多くの仕事の現場で使用されている。そのため、図4.7に示すように、様々なバリエーションがあり、海外100か国以上で販売されている。

今日、日本のメーカーは、オルファ株式会社（OLFA）とエヌティー株式会社（NT）の2社だけである。この市場の独占以外にも、本体だけでなく、替え刃も売れるジレット・モデルであるため高い利益率である。

図4.7　カッターナイフのバリエーション（オルファ社のサイトより引用）

このクリエーティブな経営者である岡田の思考法はどのようなものであったかと次項で述べるデザイン思考の視点から推測すると、たくさんの思索を重ねていたある日、板チョコを食べようとして、ニュートンがリンゴが木から落ちるのを見た時のように思い付いたと考える。思索の過程で、印刷所にある紙に色々なイラストを描いて考えたかもしれない。

ドラッカーの「顧客は自分自身の欲求を知らない」からわかるように、当

時は昔からあるタイプの刃物しかないため、市場調査などをした訳でもない。岡田が一人のユーザーとして、現状の問題点を把握・理解して、その解決策を広く考えた結果、板チョコをヒントに発想した。そのヒントから、実際の製品にするためには、スケッチをしたり、様々な紙を用いて簡単な試作品（ペーパープロトタイプ）を作って検討したと思われる。その実現性を評価して、幾度もより製品に近いプロトタイプを作成しながら改良を重ねて完成させたと考えられる。

　この思考プロセスは、デザイナーの思考するプロセスと類似している。それを図示すると図4.8のようになる。このプロセスは、ユーザビリティ評価のプロセスとほぼ同じである。したがって、図4.8の中央の三角内を何回か繰り返して、提案をより現実的なものに仕上げることが必要である。

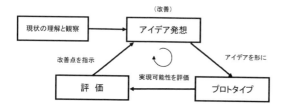

図4.8　製品開発のプロセス（デザイナーの思考法）

論理思考とデザイン思考

　新しい商品やサービスの創造を狙い、大手企業が注目している「デザイン思考」という手法がある。優秀なデザイナーやクリエーティブな経営者の思考法を真似ることで、新しい発想を生み出そうとする手法である。この思考法をビジネスに活用すれば、上記のオルファカッターやウォークマン、任天堂のゲーム機Switchのようなイノベーションを起こす商品が生み出せるのではないかと期待されている。

既存の技術やマーケット情報をもとにして論理的に発想する方法を「論理思考」とするならば、デザイン思考は発想の起点が全く異なる。デザイナーらが重視するのは、生活者である人間の暮らしである。具体的には、まず、生活者がどのような行動をするか、どのような考え方をするか、どのような感情を示すか、自己および知人などを詳しく観察する。または、インタビュー調査を行い、それらを把握することが発想の起点になる。

　ニーズを理解・把握できたら、簡単なスケッチをたくさん描いて、そのニーズに応えているかどうかを検証することも必要である。求められているものが明確になるまで、こうした作業を何回も繰り返す[14]。

　生活者も、自分のニーズを理解していないかも知れない。必ずしも論理的には進まず、無駄な作業も増える。しかし、生活者の本音を的確に把握して発想を行えば、たとえ技術分野やマーケット上の一般的な認識とは異なっても、生活者の利便性や感性価値に繋がるものを見いだすことができる。

　優秀なデザイナーは、現状を分析・理解してアイデアを考え、プロトタイプを作って検証して、再度、現状を分析したり考えたりするといった思考法を無意識に行っている。このプロセスを簡潔な言葉で表現すると、人間を中心にデザインを発想することである。

　アップルのジョブズが述べる「多くの場合、人は形にして見せて貰うまで自分は何が欲しいのかわからないものだ」が示す新しい提案をどのように創造するかは、デザインマーケティング戦略の長年の課題であった。クリエーティブな経営者であるジョブズの思考方法は、このデザイン思考ではないかと考えられている。

　このデザイン思考は、デザイン事務所 IDEO の創業者ティム・ブラウンが中心となって、米スタンフォード大学のハッソー・プラットナー・デザイン研究所（通称「d.school」）が提唱している。優秀なデザイナーになることは難しいが、思考法をまねることはできるという立場である。現在、この方法論をベースにして、東京大学の「i.school」や慶應義塾大学大学院のシステムデザイン・

マネジメント研究科も新たなデザイン思考の手法を提唱している。今後、各種の事例に対応したデザイン思考の応用研究も益々盛んになると期待される。

詳しくは、多く出版されている解説書や実用書に譲るが、このデザイン思考によって現実化できる製品やサービスに到達するためには、3つの制約がある。その制約とは、①技術的実現性、②経済的実現性、③有用性である（図4.9）。また、より望ましい経験をデザインするためには、①洞察（インサイト）、②観察、③共感の3つの要素が必要である[15]。

図 4.9 デザインの制約条件

そのためには、創造的な気づきを誘発させる各種のプロトタイプを迅速に制作して、さらに、そのプロトタイプに対して、分野の異なるメンバーの多様な視点からの考察が必要となる。このプロトタイプ思考はウォークマンやiモード携帯電話の事例で用いられていることを前章で示した。

プロトタイプ思考はデザイナーが得意とする発想法である。この思考法は、人間中心のデザインマーケティングの重要な手法のひとつであると考える。

コンサルティングを専門とする山口周は、「これまでのような『分析』と『論理』、『理性』に軸足をおいた経営、いわば、『サイエンス重視の意思決定』では、今日のような複雑で不安定な世界においてビジネスの舵取りをすることはできない」と述べている[16]。

そのために、今日の経営者の多くは、従来のビジネススクールではなく、美意識を鍛えるために「アート・デザイン分野」で有名な英国の RCA（Royal College of Art）の「グローバル企業の幹部トレーニング」で芸術系の教育を受

講しはじめている。ダイソン社の創業者であるジェームズ・ダイソンは、RCA でプロダクトデザインを学んでいる。

その詳しい理由については山口周の著書[16]に譲るが、このことと関係して、彼はデザイン思考について次のように述べている[16]。

「因果関係を静的に捉えて問題を発生させる根っこを抑えにいくファクトベースのコンサルティングに対して、デザイン思考はもっと動的であり、最初から解を捉えていくということになります。厳密な因果関係の整理は、要素の変化が絶え間ない世界ではあまり意味をなさない。直感的に把握される『解』を試してみて、試行錯誤を繰り返しながら、最善の解答に至ろうとするわけです。統計学を学んだことのある人であれば、従来の問題解決がロナルド・フィッシャー以降の古典的な推計統計学に該当する一方、デザイン会社のアプローチはベイズ確率に該当すると言えばピンと来るかもしれません。

簡単に説明すれば、従来の統計学では一定量のデータを元に確率を推計しますが、ベイズ確率では『正確な確率は神しかわからない』という前提のもと、とりあえず仮置きした確率を、試行を繰り返しながら修正して行くというアプローチをとります。」

このベイズ統計の典型例が選挙の当確予想で用いられる出口調査である。投票締め切り時間まで調査結果を事前確率として入力し続けると、接戦でない限り、締め切った時間に当確が判定される。実際には、一年ほど前から関連する調査結果などのデータを事前確率に入れて精度を上げている。

デザインでは、たくさんのアイデアスケッチから、または多くの多角的な討議を重ねた結果、とりあえずプロトタイプを作成して、評価・検討と修正を繰り返しながら提案デザイン案に到達する。

マーケティング手法でのファクトベースとは仮説検証タイプのSTP法である。ミルクシェークの例で説明すると、STPによる調査を行ったターゲティングは競合他社も自社と同じように女性・子供となる。つまり、山口周が述べる「正解のコモディティ化」に陥る。このコモディティ化を脱却する方法として、

デザイン思考の他に「インサイト」という考え方が登場している。詳しくは次の5章で解説する。

デザイン・ドリブン・イノベーション

デザイン思考と関係すると言われているものに、「デザイン・ドリブン・イノベーション」の考え方がある。イノベーションという言葉は、オーストリアの経済学者シュンペーターが、著書「経済発展の理論」(1977年)の中で初めて定義した。当時、日本ではイノベーションを技術革新と狭く翻訳したため広まることはなかった。

しかし、クレイトン・クリステンセンが著書「イノベーションのジレンマ」(2001)の中で述べた「継続的イノベーション」と「破壊的イノベーション」という考え方が知れ渡ると、技術革新以外でもイノベーションが起きることが分かった。たとえば、ウォークマンの成功が破壊的イノベーションであることが示された。特に、携帯電話を駆逐したiPhoneの登場が衝撃的であった。

このような背景から、イノベーションは技術革新以外でも起こせることが理解されると、技術的な価値だけでなく文化的な価値でも、より人間中心の設計でもイノベーションが起こせるのではないかという考え方が、延岡健太郎(一橋大学)やロベルト・ベルガンティ(ミラノ工科大)から提唱された。

延岡は、イノベーションとは経済的な付加価値を新たに創出することで起きる、つまり、付加価値は商品を使う消費者や顧客企業が本当に喜ぶ価値[17]であると述べた。この価値が、顧客のこだわりを演出する「顧客価値」で、「機能的価値」と「意味的価値」の2つに分けられると説明している。この意味的価値により、ウォークマンや任天堂のゲーム機Wiiが誕生したと述べている。これは、従来の交換価値である機能的価値だけでなく、新しい意味的価値を加えた点で新しい考え方である。

他方、ベルガンティも延岡とほぼ同じ考え方で、それが「デザイン・ドリブ

ン・イノベーション」である[18]。イノベーションは「テクノロジープッシュ・イノベーション」や「マーケットプル・イノベーション」であると述べている。前者は急激な技術進歩によるもので、後者は顧客のニーズを分析して製品を開発するものである。

　一方、デザイン・ドリブン・イノベーションは、人々に対して今までにない体験を提供するという新たな「意味」を加えるイノベーションである。既に述べているように、デザインは製品開発全体やビジネスモデルにまで至る幅広い概念であるので、この体験をデザインで実現できるという考え方である。

　その例として、任天堂の Wii を挙げている。直感的に使い方が分かるリモコン型コントローラーによって、今までユーザーではなかった家族やお年寄りを含む誰もが体を動かして楽しめるものにゲーム機の「意味」を変えたと指摘している。この意味ある製品デザインを提案できる手法として、デザイン思考があると考える。

4.7　ユーザーエクスペリエンスと感性価値

ユーザーエクスペリエンス

　これまで、経験や体験が新しい価値として登場してきていると述べた。これは、製品の場合は、購入した後の使用期間で得られる満足感（豊かさや心地良さ）に着目している。この時間を経た満足感が高いと、次の購入でも同じものや同じブランドを購入するという継続性が生まれる。簡潔に述べるとリピーターになってくれることを企業は期待している。

他方、サービスの場合は、その中心は経験や体験である。ディズニーランドやUSJは各種アトラクションの体験だけを消費するため、何度も来園してもらうために、その体験の満足度を高めることが提供側の最大の関心事である。これらは経験価値やCRMなどで説明した内容である。マーケティングでは、顧客満足度や顧客ロイヤルティと関係している。

 情報デザインの分野で、この考え方に近いものがユーザーエクスペリエンス（UX：User experience）と呼ばれている[19]。これは、使っていて楽しいと評判の高いアップルのiPhoneやiPadのヒットなどから、マーケティング的に重要な項目になった。この成功から、ユーザーエクスペリエンスが広く注目されるようになった。

 今日では、一般的に、ユーザーエクスペリエンスとは、ユーザーインタフェースに関することだけではなく、「どのように使われるのか」という視点で製品やサービスを捉えた考え方を指す。製品やサービスを使った際のユーザビリティ（使い勝手）、楽しさ、満足感、感動などを示す用語である。つまり、使うことで新しいわくわくするような体験ができることを示している。

 UX研究の専門家である安藤昌也は、UXはユーザーの主観的なものであり、ユーザーの主観的な体験を考慮して、サービスや製品をよりよい体験を実現できるものにすることがユーザーエクスペリエンスデザイン（UXD）であると述べている[20]。

 UXの定義は、上記以外にもISO 9241-210やUXPAなど様々ある。2010年にドイツで30人の専門家を集めたワークショップで作成されたUX白書も有名であるが、やや難解である。これらの中で最も分かり易いと言われているのが、ハッセンツァールの定義である[21]。

 この定義の優れた点は、UXの構成を実用的属性と感性的属性に大別したことにある。それによって、解析的な手法が開発される可能性がある。筆者はこの解析手法の試みを提案している。その内容については、6章で解説する。なお、感性的属性の示す「感性」の価値に関しては、次に説明する。

感性工学

　感性という言葉を広く知らしめたのは、多くのメディアに取り上げられた経済産業省主催の感性価値創造イニシアティブ（2008年）[22]の活動である。これは、従来の価値軸（性能、信頼性、価格）ではない新しい価値軸（第4の軸）を人の感性（共感・感動）に求めたものである。前述したように、人々の関心がモノの価値（物の豊かさ）からコトの価値（心の豊かさ）へと移ったことも感性工学が誕生する背景にある。

　感性工学を提唱した長町三生が、1989年に「感性工学」[23]という啓蒙書を出版すると直ぐに、企業で研究開発を行っている研究者の間に感性工学への関心が広まるようになった。デザインの研究者や企業デザイナーも注目した。なお、当時、日本デザイン学会の部会で、森典彦（部会長）と筆者らも同じような考え方の研究を行っていた。

　この感性工学の誕生の背景として、1990年代のパソコンの普及によって、統計学に基づく心理測定法で得られたデータが計算可能になったことが挙げられる。例えば、「上品な」という心理を測定して、その結果をもとに統計解析などをすると、上品なデザインをするためには、具体的にどのような形態要素の組み合わせにすればよいのかが求められる。

　言い換えると、人々の「心理量」を測定し、統計学などを用いて「物理量」の「設計の知識」（例：上品な⇒皮仕上げ）を求めることである。消費者の好きなイメージ（長町は感性ワードと命名）から、そのイメージを設計の仕様に解析的に求めることができれば、デザイナーが頭の中で行ってきたことを視覚化できる。

　この説明をそのまま理解すると、デザイナーが関与しなくてもデザインができてしまうと思われるかもしれないが、あくまでも、得られる結果は設計の仕様書である。それを細部まで検討して具体的なデザインをする必要があるため、デザイナーは必要である。

4章 人間中心のデザインマーケティング

　優秀なデザイナーまたは設計者かどうかは、デザインも含めて設計行為において、的確な制約条件を設定できるかどうかによって決まる。その制約条件としては、コンセプトやターゲッティングなどがある。優秀なデザイナーは多角的に思索を重ねた後、的確な制約条件を設定し、その範囲でアイデアを展開してデザイン提案に至る。検討する範囲が狭い方が、深掘りすることができるため、優れたデザインができる。

　感性工学を用いた分析結果も、この制約条件になる。筆者が実際に行った実験によると、分析結果を100％反映したデザインと、約80％反映してデザイナーにデザインしてもらったデザインを比較評価したところ、約80％の場合の方が高い評価であった。それは、デザイナーの創造性が加味されたからと推測される。

　もちろん100％の場合も高い評価であった。つまり、感性工学を用いると合格点は得られるが、より優れたデザインにするには、デザイナーの創造性を加味することが必要になるということである。なお、筆者の提唱する感性デザインの手法[24]については、6章で詳しく解説する。感性デザインとは感性工学の中でデザインに特化し、認知心理学を基に創造性を加味した考え方である。

　実際の製品の事例としては、感性デザイン手法を「キリンの大人っぽく現代的に進化した本格紅茶シリーズ【午後の紅茶】」のペットボトルの形状デザインに適用した[25]。キリン（株）としては初めて感性工学を用いた製品化で、発売後、高い評価があった。また、セイコーエプソンのプリンターの製品デザインの研究や、大和ハウス工業のインテリアデザインの研究などにも適用された。

　他方、STP法のポジショニング分析の軸を機能や価格ではなく、感性を軸として分析した事例がある。広島にある革張りソファを製造・販売しているKOKOROISHI（心石工芸）は、開発と販売戦略に必要な企業としての明確なデザインコンセプトを策定できていなかった。経営者の恣意的な考え方で、それを決めていいのか迷っていた。

心石工芸の経営者が広島の感性工学の研究会に参加したことを契機に、研究会のメンバーの支援を得て、感性工学を用いてデザインコンセプトの策定を行った。具体的には、たくさんの競合他社のソファの写真をサンプルにして、数十人の被験者に、事前に準備した十数語のイメージに対して心理測定法であるSD法の5段階評定尺度で評価してもらった。

そのSD法による回答データを主成分分析で計算して、求められた2つのイメージの合成軸（感性の軸）を散布図（ソファ製品のマップ）にして視覚化した。この製品マップから、心石工芸の製品イメージは大手のメーカーの領域に入っておらず、特徴的な近くの領域に位置していることが判明した。

その結果、大手メーカーと差別化する感性的な方向性が明快になった。結果を踏まえて、デザインコンセプトが策定され、新たなブランド戦略が立案された。なお、感性工学は顧客のニーズが潜在的であると考えて、顧客の心の中（心理）を測定して、解析的に提案までを行う新たなマーケティング手法のひとつともいえる。この手法は具体的な提案まで含まれるので、マーケティング手法の新境地が開かれた。

以上、デザインに関する感性工学の適用事例を紹介したが、最近では、アンケート調査による心理測定法だけでなく、心拍数や筋電図などの生理的測定を用いて設計の知識を求める方法が進んでいる。広島大とマツダを中心とする感性イノベーション拠点（COIビジョン2）の脳科学を応用した国家プロジェクトもある。

体験設計

ユニバーサルデザインは「いつでも、どこでも、誰にでも」というビジョンをベースにした活動ともいわれている。これはセグメンテーションやターゲッティングという近代マーケティングの考え方とは相矛盾する考え方である。しかし、積極的に新しい価値を創造するという考え方は、顧客のニーズを探すと

いう従来の視点とは異なり、注目に値する。

　この「いつでも、どこでも、誰にでも」のビジョンとは対極の考え方がビジョン提案型の体験設計（Experience design）である[26]。つまり、「今だけ、ここだけ、あなただけ」（ペルソナ）というビジョンで新しい価値を創造してデザイン提案をするペルソナ・シナリオ手法である。なお、この手法はアラン・クーパーが発案したと言われているが、体験設計はその手法に後述する3種類のシナリオを加えて、新たな手法にしている。さらに、関係分野の手法の導入も始まっている。

　このペルソナとは、企業や商品の典型的なターゲットとなる仮想の顧客像（ユーザー）のことである。定められる顧客像には、氏名や性別、居住地、職業、年齢、価値観やライフスタイル、身体的特徴まで、非常に細かい情報を設定する。ペルソナを詳細に設定することで、商品のターゲット像について関係者全員で明確なイメージを共有することができ、商品開発やデザインの方向性にブレが生じないという大きな利点がある。

　基本的な体験設計は、具体的には図4.10に示すように、「こんなのがあったらいいね」という価値を探索し創造する「①バリューシナリオ」と、その行為を実現する内容の「②アクティビティシナリオ」、その行為をより具体化する「③インタラクションシナリオ」の3つのシナリオで構成されている。ペルソナは行動デザイン（体験をデザイン）の②のシナリオと、具体的な商品の機能やサービスなどの仕様に還元する③のシナリオで用いられている。

　図4.11に示す事例では、看護師にとって多くの患者の点滴などの輸液の管理は大変な負荷であった。その業務改善のために、IoTシステムを導入した新しい体験デザインの提案を行った。具体的にはスマホとパソコンを用いた輸液の管理システムである。スマホのアプリで各患者の点滴の投与量と時間を設定して、ナースステーションで各患者の情報を一元管理する。これによって看護師の引継ぎなども迅速かつ確実にできる。

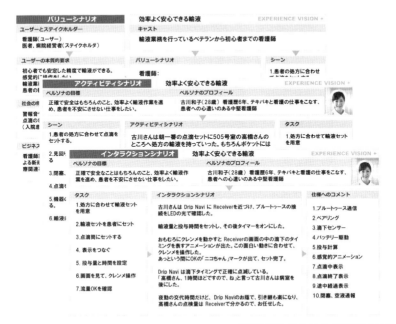

図4.10 体験設計の3種類のシナリオ

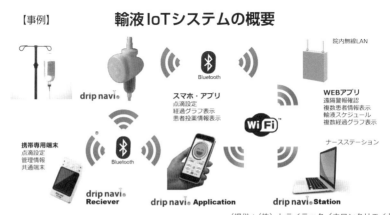

図4.11 輸液のIoTシステムの概要

UXやデザイン思考の考え方を取り入れた体験設計手法も研究開発中であり、今日、各分野から事例や手法の提案がある進行形のデザイン方法論である。また、筆者はこの体験設計の考え方を通じて高度情報化社会での中小企業の研究開発を支援する体験設計支援コンソーシアム（CXDS：Consortium for Experience Design Support）に参加している[27]。このコンソーシアムの会則を次に抜粋する。

「高度な技術を駆使する環境づくりに対応して、人のための経験価値を向上させる体験設計がより一層重視される。ICT、組込機器技術、IoTシステム、ロボットなどに関わる開発ビジネスが増加する中で、これらのイノベーション（革新）を支援し、促進するための共同体が求められる。体験設計は、ユーザーや顧客を対象とするだけでなく、提供側の雇用者、開発者、そして社会の多くの人々を対象とし、その経験価値を高めるために設計、デザインを展開することである。CXDSはこれに関わる知識・課題等について情報交換と連携を行い、ものづくり関連産業の発展を推進することを目的とする。」

なお、体験設計の啓蒙と普及を目的に認証制度も開始されている。また、学習と交流の場として、学会の研究発表に近いフォーラムも定期的に開催されている。

一方、体験設計などを用いた高度情報化社会のデジタル化した価値の高い商品やサービスを開発するには新しいタイプのデザイナー育成が必要であるという認識から、経済産業省が「高度デザイン人材育成研究会」を立ち上げた[28]。その意義と狙いを次に抜粋する。なお、下記のデジタルデザイン技能に傾注した育成だけでなく、高い教養が基礎にないと、世界をリードするデザインの商品やサービスは生まれない。

「現在、デザイナーの市場ニーズは世界的に高まり続けている状況にあり、その背景として、あらゆる製品や事業のサービス化、それによる生活者との接点や利用文脈の多様化・複雑化がある。とくにモバイル・デジタルサービスの業種においては顧客体験デザインを専門とするUXデザイナーやデジタル体験

のデザインを行うインタラクションデザイナーなどの激しい獲得争いが行われている。一方、経済産業省と特許庁が公表した『「デザイン経営」宣言』にも見られるようにデジタルによる変革の進展によってデジタルやモバイルとは直接的関連のなかった業種・領域においても、デザイナーの必要性は高まっている。しかしこれらの要望に応える人材の供給は需要に対し圧倒的に足りていない。」

　以上のように、人間中心のデザインマーケティングは、文化を含む人間視点からの新しいビジョンや価値を創造して、人々の生活や社会を心豊かにする具体的なデザイン提案までを含めた考え方である。具体的な提案力のあるデザイナーが中心となって、マーケッターおよび技術者と協力しあうのが人間中心のデザインマーケティングの構図である。

　すべての科学技術は人々の幸福を実現するために提供されることで、人々の大きな支持を得ることができる。それを用いた商品やサービスは高い文化性や社会性をもつデザインであることが求められる。

5

デザインのための
マーケティング・リサーチ

DESIGN MARKETING TEXTBOOK

5.1 リサーチの3段階進化説

　商品開発で、デザイン部門が主体的にマーケティング・リサーチをすることはなく、連携する商品企画部門が中心に実施する。その結果をデザイナーへ報告してもらうことが多い。もちろん、どのようなマーケティング・リサーチをするかを事前にデザイナーに相談してくることもある。ただし、先行研究などの特殊な場合、つまりデザインが主導する商品開発の際には、デザイン部門がマーケティング・リサーチをすることになる。

　では、デザインのためのマーケティング・リサーチとはどのようなものであるかを考えるために、マーケティング・リサーチの全体像の中で論議したい。その全体を俯瞰するものとして、表5.1に示す朝野熙彦のリサーチの3段階進化説[1]を用いる。

　表に示すように、時代とともにマーケティング・リサーチの役割は拡大して、提供する内容が多くなってきた。今日のコトラーのマーケティング3.0に対応するフェーズⅢでは、消費者と供給者が協力して新しい市場を創り出すという共創の段階になっている。他方、フェーズⅠは、生産者が製品を提供するプロダクトアウトの時代（マーケティング1.0）である。したがって、市場の現状を把握するリサーチが中心である。

表5.1　マーケティング・リサーチの3段階進化説

フェーズ	Ⅰ	Ⅱ	Ⅲ
市場への疑問	どうなっているのか	なぜなのか	どうすればいいのか
リサーチの論理	センサスの理論	因果系の理論	対応系の理論
調査の目的	実態を知る	仮説を検証する	仮説を発見する
時間の視点	現時点	過去を説明	未来を予測
志向	供給者	消費者	共創

（出所）朝野（2018）

フェーズⅡは消費者のニーズを調査して、そのニーズに応える商品開発を行うマーケットインの時代（マーケティング2.0）である。リサーチによって明らかになった顕在化した要求のニーズ、たとえば各種の不満を解消する新製品を開発する時代であった。また、リサーチ結果から消費者の欲しいものを先回りして製品化する時代でもある。このフェーズで多用されたのがSTP法に代表される仮説実証的な方法である。

フェーズⅢになると、飽食の時代で消費者の関心がモノからコトに移り、顧客の欲求が不透明になった。つまり、どうすればヒットする商品を企画開発できるのかが分からなくなった。供給者である企業が消費者と一緒に新しい商品・サービスを生み出す時代である。たとえば、ユニバーサルデザインは、社会的な弱者へのデザイン視点からの対応というビジョンのもとで、ハンディキャップのある人や高齢者らと一緒になって商品開発するものである。

一方、従来のアンケート調査やグループインタビューなどでは、顧客の欲するものを導き出すことができない。顧客自体も自らの欲しいものがわからないという状態になっている。そこで、それに対応できる有力な候補が人々の心の中を解明する心理学の考え方を用いることである。

以下では、コミュニケーション心理学の考え方から表5.1の3段階進化説を再考し、それ以外の心理学的な方法とリサーチの関係にも言及する。しかし、その前に、フェーズⅡで用いられているSTP分析とデザインについて解説する。

5.2 デザインにおけるSTP分析

　デザインの手法にもSTP分析の考え方が昔から導入されている。これは1章で述べたように、GMの顧客の所得に対応したスタイリングデザインのラインナップ戦略からSTP分析が生まれたためと考える。

　たとえば、3章で言及したオーディオ機器を例にして説明すると、横軸「パブリック⇔パーソナル」と縦軸「高級⇔普及」のマップに、各種オーディオ機器を布置すると図5.1になる。コンパクトオーディオやウォークマンが世の中になかった時には、薄いグレー色が市場のセグメンテーション（市場の細分化）となる。

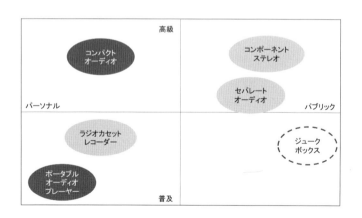

図 5.1　オーディオ機器のセグメンテーションとポジショニング

　このセグメンテーションのマップで、左上の空白に新たな製品を投入したのがコンパクトオーディオである。一方、左下のラジカセをより一層パーソナルな製品へと価値を高めたのがポータブルオーディオプレーヤーのウォークマン

である。このように新製品のポジショニングができると、次にどのような顧客を対象にするか検討するターゲッティングを行う。

　なお、デザインの場合は製品の種類でセグメンテーションして進めるが、顧客を所得や家族構成などのデモグラフィック属性でセグメンテーションして進めることも多い。たとえば、電気剃刀をビジネスマン向けとセグメンテーションすると、超小型で鞄に収まりやすいデザインが考えられる。

　そして、このポジショニングから、コンパクトオーディオは高額な商品であるため、音楽を好む若い独身の会社員がターゲット層の候補になる。また、ウォークマンは、通勤や通学時などでも音楽を聴きたいという活動的な若者がターゲット層と考えられる。

　次に、STP分析で導き出されたそのポジションを実現するために、製品や価格などを決めるマーケティングミックスを策定するのが一般的である。たとえば、ウォークマンの場合のマーケティングミックス（4P）は表5.2のようになる。なお、その他の調査手法については、本章末の注釈で紹介する。

表5.2　ウォークマンのマーケティングミックス

Product	小型軽量のポータルオーディオプレーヤー
Price	3万3000円 ソニーの創業33周年に合わせて、 ターゲット層の学生の購入可能範囲で決定
Place	ソニーストアや量販店
Promotion	JR山手線で、社員がデモンストレーション ネーミングは和製英語「ウォークマン」 若い社員が、日曜日に新宿や銀座の 歩行者天国で、ウォークマンを付け闊歩

　他方、デザインでは「プロダクトマップ」と呼ぶ独自のポジショニング分析を用いることが多い。具体的には、市場の多くの製品写真とイメージ語を用いてマップにする手法である。このマップから自社製品と競合他社の製品の関係

を読み取り、新たなデザインの方向性を決めるのに用いられている。

　かつては、デザイン担当者間の討議を経てプロダクトマップを制作していたが、今日ではターゲット層を被験者にして、ネット調査で得られた分析結果をもとにプロダクトマップを制作することもある。たとえば、図5.2に示す水筒デザインのプロダクトマップは因子分析の結果を散布図のマップにしたものである。詳しくは巻末の付録に譲る。

　なお、有名な数量化理論Ⅲ類の誕生にもデザインが関係している。統計学者・林知己夫が、グラフィックデザイナー・佐藤敬之輔と、日冷（現、ニチレイ）の輸出向け缶詰のラベルデザインの嗜好調査（1955年）を共同研究したときに考案したのが数量化理論Ⅲ類であると言われている。これがプロダクトマップの最初でもある。

　また、プロダクトマップと同じく、デザインで広く用いられているマップに、20世紀初頭に生まれた美術の表現方法であるコラージュ技法を用いた「イメージマップ」がある。コラージュとは、写真や絵や文字などを、新聞・雑誌などから切り抜き、それらをケント紙などの台紙に貼って1つの作品にするものである。新しい商品のイメージを視覚的に表現することができるため、商品企画部門のメンバー間での確認や、顧客に新商品のイメージを伝えるツールとしても活用できる。また、複数のイメージの受容性調査にも用いることが可能である。

　一方、被験者に回答方法としてコラージュを作成してもらうことで、言葉でうまく表現できないあいまいなイメージや、被験者が意識していない気持ちや感情を知ることができる。

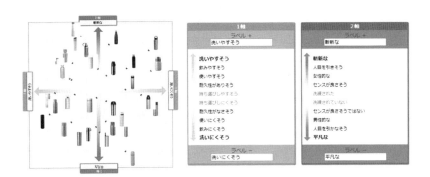

図 5.2　水筒デザインのプロダクトマップ例（因子分析：Holon Create/ Trending.net）

5.3　コミュニケーション心理学とマーケティング

　マーケティングとは企業と顧客とのコミュニケーションであるという考え方が、宣伝の分野で用いられている。マーケティング・コミュニケーションという専門用語もある。これは、マーケティングミックス（4P）で言う販促活動（Promotion）を指している。また、広義には製品やサービスそのもの（Product）、価格設定（Price）、流通経路（Place）も、ターゲットである顧客との接点（コミュニケーション）といえる。

ジョハリの窓と定性調査

　そこで、マーケティングについて、まずコミュニケーション心理学から考える。コミュニケーションの心理学と言えば、歴史のある有名なモデルがある。

それは、1955年に心理学者ジョセフ・ルフト（Joseph Luft）とハリー・インガム（Harry Ingham）によって発表された「対人関係における気づきのグラフモデル」である。

考案者のジョセフとハリーの二人の名前を合わせて「ジョハリの窓（Johari window）」という通称で知られている。これはコミュニケーションにおける自己の公開と、コミュニケーションを円滑にするために提案されたモデルである[2]。

表5.3に示すジョハリの窓を簡単に説明すると、自己は「自分が知っている自分」と「他人が知っている自分」という軸で4つのカテゴリーに分類され、それぞれのカテゴリー（領域）を「窓」に例えている。

表5.3 ジョハリの窓の4つのカテゴリー

		自分自身が	
		分かっている	分かっていない
他人が	分かっている	開放の窓（A） 「公開された自己」	盲点の窓（B） 「自分は気が付いていないが他人からは見られている自己」
	分かっていない	秘密の窓（C） 「隠された自己」	未知の窓（D） 「自分も他人も知らない自己」 （無意識）

これは、人とのコミュニケーションを円滑にするモデルである。たとえば、親しくなるためには、開放の窓を大きくすることが求められるが、無理に開放の窓を大きくしようとするよりも、他の窓を小さくすることによって、開放の窓を大きくする方が簡単であると言われている。昔から、親しくなるためには「胸襟を開いて話し合う」（開放の窓を大きくする）ことが大切だと言われるが、このモデルはそれを示しているとも言える。

次に、これをリサーチ（調査）の視点で考えると、量的な調査ではAの領域までが限界である。Bの「人に見せない秘密の内容」は上手なインタビュー

で聞き出すことは可能であろう。Cの「自分では気づいていない内容」は、行動観察または参加者らの双方向の刺激が生じるグループインタビューなどで明らかにできる。Dの「本人も周りも気づいていない内容」は投影法や行動観察で見いだす方法が考えられるが、リサーチとしての難易度は極めて高い。

心理行動学者のマクレランド教授は、人が何かを行うときには、意識に上ってこない様々な動機や価値観が影響していると述べている。目に見える部分は氷山の一部で、実際に氷山を動かしているのは水面下の大きな部分であるという考え方である。人々の消費行動や心理も同じことが言える。つまり、水面下にある潜在ニーズをどのように顕在化させるかが課題である。また、その手法の研究も求められている。

このマクレランドの氷山モデルとジョハリの窓を組み合わせたのが図5.3の人の意識の階層と扉である。インタビュアーは、Aの「直ぐに言える自分の気持ち」だけでなく、Bの「自分で気づいているが、直ぐには言わないホンネ」、Cの「その時は気づいていないが、刺激されれば気づいて説明できること」、Dの「特別な手法を用いて、洞察力を駆使して読み込めば説明できる気持ち」などを導き出すことは可能である。

なお、B～Dは定性調査が中心である。この定性調査によって仮説が立案できると、その仮説を検証するのが統計学を中心とした定量調査となる。デザインマーケティングでは、従来から定性調査が中心であった。仮説を具体的なデザインにすることができるのがデザイナーの能力である。この仮説を検証する定量調査は商品企画部門と連携して行う。

5章　デザインのためのマーケティング・リサーチ

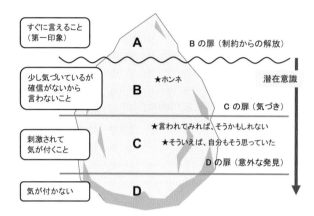

図5.3　人の意識の階層と扉

マーケティングコミュニケーション・マトリックス

　この「ジョハリの窓」で、自己を自社、他人を顧客に置き換えて、企業と顧客とのコミュニケーションに適用することがはじまっている[3]。このマーケティングコミュニケーション・マトリックスと呼ぶべき「ジョハリの窓」のマーケティング版をマトリックス表にすると表5.4となる。

　表5.4のA領域「マーケティング不要」は、プロダクトアウトの時代で、コトラーのマーケティング1.0（フェーズI）に相当する。顧客が欲しいものを少しでも安く提供するために、企業は生産管理や流通販売網の整備に資金を投入する。自動運転などの技術志向の開発もこのカテゴリーに入る。超高精細の4Kテレビも、購入可能な価格になって急激に普及した。

　次のB領域「マーケティングプロモーション」では、各種のマスメディアを通じて大規模な宣伝を行い、市場占有率や販売実績を向上させる。最近では、正確なターゲッティング広告のできるSNSを用いたプロモーションも盛

んである。さらに、口コミを用いたバイラルマーケティングも活発になってき
ている。

たとえば、パナソニックは販売が不振だった電気圧力鍋を、レシピ共有サイ
トのクックパッドとの連携によって人気商品にした。具体的にはクックパッド
の人気投稿者に実際に使用してもらい、新しいレシピを提案してもらい、主婦
らが想定していないような魅力を訴求してもらった。

そして、C領域の「マーケティング・リサーチ」になると、市場調査によ
るマーケットインがはじまり、本格的なマーケティング2.0（フェーズⅡ）に
突入する。ほぼ単一の市場、ほぼ単一の商品で商売をしていた時代から、競合
他社の参入によって激しい競争状態になると、マーケティングはSTP分析を
重視する時代に移行する。

表5.4　マーケティングコミュニケーション・マトリックス

		（自社）	
		知っている　（既知）	知らない　（未知）
（顧客）	知っている	(A) **マーケティング不要** 企業は売るべきものを知っていて、顧客も買うべきものを知っている	(C) **マーケティング・リサーチ** 企業は売るべきものを知らず、顧客は買うべきものを知っている
	知らない	(B) **マーケティングプロモーション** 企業は売るべきものを知っていて、顧客は買うべきものを知らない	(D) **新しいマーケティングが必要** 企業は売るべきものを知らず、顧客も買うべきものを知らない

しかし、競合他社もSTP分析を導入するようになると、考えられる多くの
ポジショニングマップを作っても、すべてのマップに、もはや空白のスペース
が残っていない状態になり、すべての市場で熾烈な競争が行われるレッドオー
シャン化が進行する。そこで、D領域のブルーオーシャンを探す新しいマーケ
ティング戦略が必要となる。

その戦略のひとつとして、価格や機能とは違う価値である経験価値の考え方があることは既に紹介した。それは感性価値と同類であることも述べた。また、従来のモノ中心の価値（GDL）の視点を変えて、サービス中心の価値の考え方であるサービス・ドミナント・ロジック（SDL）の視点からマーケティングを再考すると新しいマーケティング戦略が生まれる。

そして、CRMでは企業と顧客との高い関係性をつくることで、両者が一緒に新しい商品やサービスを企画（共創）する。グローバル化や世界的な社会環境の大きな変化から、企業の社会貢献が求められてきている今日、ユニバーサルデザインやキッズデザインなどの新しい概念（ビジョン）で、社会をより良いものにしようとするデザイン活動が起こり、それを支援する購買行動が生まれている。無印良品による文化的な「感じ良いくらし」の提案もこの流れのひとつである。

一方、表5.3のジョハリの窓の「未知の窓」は無意識と関係していると述べた。これに対応するのが表5.4のマトリックスのD領域である。したがって、この新しいマーケティング戦略では、顧客の無意識という視点からアプローチする考え方も登場している。それらが、次に述べるインサイトや行動デザインである。

5.4　観察による潜在ニーズの解明

前述のマクレランドの氷山モデルで、潜在意識は、「意識」して認識できるのは氷山の一角のようにほんの一部であると述べた。また、『心脳マーケティング』を著したザルトマン教授は、人間の意識の95％は潜在化していると述

べている[4]。その潜在意識の底辺にあるのが「無意識」である。

　マーケティングの世界でも、人は消費行動や購買行動を取ろうとしたときに無意識の力に大きく左右されてしまうことが多くの研究によって判明している。つまり、顧客が自分の欲求や行動の理由を把握できていないことは珍しくない。そのため、顧客に直接質問するアンケート調査などだけでは顧客の本当の欲求や行動の理由は把握できない。

インサイト

　これまで顧客は価格や機能、品質で商品を選んできたため、企業は他社との差別化を明確にした商品を打ち出すことができた。しかし、近年、顧客の商品に対してこだわるポイントが多くなり、差別化された高品質な商品を売り出しても、こだわりと一致せずに、顧客を振り向かせることが困難になってきている。

　したがって、顧客がどんなときに商品を欲しいと思うかを考える必要がある。そのために消費者の本音や動機の理解が重要となる。顧客の奥底にある無意識の購買行動を解明しようとするのが「インサイト」（深層欲求）と呼ばれるマーケティングの考え方である。

　たとえば、ミルクシェイクの新商品のマーケティングをSTP分析による従来の方法で調査すると、ターゲットは女性や子供になる。しかし、店頭でマーケティング調査をしていたマーケッターが、早朝にミルクシェイクを買いに来る男性がいることに疑問を感じて、その男性を追跡してインタビューした結果、車の中で朝食代わりにしていることが判明した。

　その男性の行動を分析した結果、従来にはない新しい用途と新しい消費者の開拓がなされた。そして、車中で男性がとる朝食ということから、容器デザインや塩気のある味、中身の改良、さらにプリペイドなどの簡単な支払い方法の構築など、具体的な販売方法を工夫した提案事例がある[5]。

この例が示すように、「消費者の隠れた本音や言葉に表れてこない視点」を探る「インサイト」というキーワードが生まれた。インサイト（Insight）を直訳すると「洞察力、見識」「視野に入る」という意味である。マーケティング理論の「インサイト」は、相手の立場から考えたときに相手がどのように思っているのかという視点のことを意味する。または、「行動や態度の根底にある本音、確信、潜在的な欲求」という意味でインサイトという言葉を使っている。

話題を戻すと、この例で注目されるのが、外れ値のような事例にインサイトが潜んでいることである。インサイトを発見する視点は、従来のリサーチのような平均値的な視点とは異なる。若いエンジニアがカセットテープレコーダーを改良して音楽を聴いていたのがウォークマンの誕生につながったのも、この外れ値の例といえる。

インサイトを発見するもう一つの方法を紹介する。牛乳の協会団体が落ち込む牛乳消費を挽回するために、「牛乳は健康にいい」という訴求キャンペーンを行ったが、販売量は向上しなかった。そこで牛乳をよく飲む人たちを被験者にして、一定期間、牛乳を飲むのを禁止した後、「どうしても牛乳を飲みたくなったとき」の気持ちを回答してもらう興味深い調査を実施した。

その結果、「クッキーやシリアルを食べて口がぼそぼそしたときに牛乳が欲しくなる」というインサイトが発見された。そこで、健康訴求ではなく、チョコチップクッキーやパンの写真に「ミルクある？」というコピーを添えたポスターを製作した。この新たなキャンペーンで牛乳の販売量は期待以上に向上した。

この事例の興味深い点は、実験的な調査を行っているところである。インサイトには実験という間接的に発見する方法も用いられている。人間は合理的な行動をとらないことを前提としている行動経済学でも様々な実験が行われて、その結果から理論を組み立てている。

また、この例が示すように、価格や機能などの客観的な価値は企業側で作ることができるが、主観的な価値は顧客の心の中にある。インサイトは、感性価

値であるこの主観的な価値と関係している。したがって、企業は従来のマーケティングリサーチだけでなく、近年注目されている観察調査、特に行動観察（オブザベーション：Observation）などの様々な手法を用いて、顧客の主観的な価値を把握する必要がある。

　インサイトのその他の観察手法として、まず「シャドーイング」がある。この手法は、観察対象の「影」となって、その人の行動をトレースするというもので、一種の尾行調査である。一人の観察対象を長い間見ていくというアプローチで、特に観察者とかけ離れていそうな相手ほど想像を超えた発見がある。これは前述のミルクシェイクの例にも一部用いられている。

　次に、尾行のシャドーイングとは異なり、特定の場所での人々の様子を撮影して、行動記録を作成する「行動マッピング」の手法がある。たとえば、ATMの操作において、特定の画面の操作だけが他の画面より遅くなるという事象が発見された場合、操作者本人は気づかなくても、操作画面のインタフェースデザインに問題があることが分かる。

　この手法と似た考え方に「カメラジャーナル」がある。製品に関連する行動や印象の記録として、写真を撮影してもらう手法である。たとえば、タブレット端末に表示されるレシピを見るために、油などが飛び跳ねる料理中の調理台に置いている使用実態が把握されるなど、予想外の発見がある。携帯電話で自撮りする写真が多いことから、カメラを画面側にも付け加えた例もある。

　消費者の使用や購買のプロセスまでの行動、思考、感情を図示する手法として、「カスタマージャーニーマップ」がある。製品やサービスの認知から購入までのプロセスにあるタッチポイントを記録することで、製品やサービスを提供する側が想定していないタッチポイントや心の中の課題を視覚的に発見できる。この手法はサービスデザインやUXデザインに適用されることが多い。

エスノグラフィー

　行動観察と同じような手法に、文化人類学や社会学、心理学で使われる研究手法の1つである「エスノグラフィー（Ethnography）」がある。今日、このインサイト・マーケティングへの応用が進んでいる。詳しくは専門書に譲るが、エスノグラフィーは社会調査の参与観察と類似している。

　参与観察とは、観察者が研究テーマにかかわるフィールドに自ら入って、人々の生活や活動に参加して、内側から観察を行う調査法である。筆者も学生時代、デザインサーベイの実習で一週間ほど山梨県の山村に入って、文化人類学のフィールド調査を行った経験がある。デザイン系の大学の多くでは昔からこの実習がカリキュラムに入っている。

　外側から観察する行動観察に対して、内側から観察するのがエスノグラフィーである。また、行動を観察するという行為は一緒であるが、観察の目的が異なる。エスノグラフィーは文化を調査して、行動の観察結果を解釈して報告書を書くことが目的であるが、行動観察は、その観察結果を問題解決などの提案のために用いるのが目的である。

　もちろん、エスノグラフィー調査の報告書は、それを多方面のメンバーが解釈して、新しい提案を行うための資料になる。この報告書の内容は、ビジネスでのエスノグラフィーでは、顧客が生活する環境に身を置いた時に発見した課題となる。

　エスノグラフィーの有名な先行事例として、1979年に米国ゼロックスの研究所に入社した文化人類学者のルーシー・サッチマンが、自ら職場に入って、ユーザーがコピー機を実際にどのように使用しているかをビデオで撮影してフィルム映像にまとめ、それが製品開発に影響を与えた例がある。その中にあった「コピー機に腹を立て叩く人」の衝撃的な映像が関係者に影響を与え、コピー機の操作性の大幅な改善に繋がった[6]。この例のように、エスノグラフィーは、主観が排除され、客観的な視点でのデータが得られるという利点が

ある。

　その簡易的な方法として、筆者らはかつて、使い捨てカメラをターゲット（調査協力者）に渡して、生活を撮影してもらって分析する手法を用いていた。つまり、調査者が仮想的に調査協力者の生活の中に身を置くのである。今日では、スマホによる写真や動画、監視カメラの映像などが利用されている。これは前述のカメラジャーナル調査の一種である。

　以上のように、観察調査は、徳島県の阿波踊りのように「踊る阿呆（内側から観察）と見る阿呆（外側から観察）」の２種類がある。アップルのジョブズは、ひとりのユーザーという視点から商品企画を行い（内側から観察）、革新的な商品を提案した。彼は「踊る阿呆に見る阿呆、同じ阿呆なら踊らにゃ損々」を実践したと言える。踊ってはじめてその楽しさ（本質的価値）を知る。その意味で、今日、内側から観察するエスノグラフィーは注目されている。

5.5　行動分析による潜在ニーズの解明

　人間行動の観察という静的な調査とは少し視点の異なる動的な行動分析の考え方を紹介する。特に、以下に紹介する行動デザインとタスク分析はデザイン寄りのマーケティング手法である。

行動デザイン

　最近では、人の行動を観察して、なぜその人がその行動をとったのかを解明し、マーケティングに活かす「行動デザイン」という考え方が提案されてい

る。つまり、「モノ発想」から、脱「モノ発想」である。

　たとえば、この研究の第一人者である博報堂行動デザイン研究所所長の國田圭作は、冷蔵庫の冷凍室と冷蔵室、野菜室の中で、開閉が一番多い扉を調査したら、野菜室であることが分かった。そこで「一番使われる場所が、一番使いやすい場所にあるべきだ」と、真ん中に野菜室をもってきた冷蔵庫を提案した。それが、日立製作所の冷蔵庫「野菜中心蔵」である[7]。

　なお、実際には、野菜室が一番下にあっても、不便を感じている人は少ない。真ん中に来てはじめて一番下が不便だったことに気づいた。気づいていなかったニーズに気づかせることが、マーケティングのチャンスになると國田は述べている。このように、「モノの外側」でマーケティングを考える必要性を提唱している。

　また、國田は、腕時計型のウェアラブルデバイスには万歩計などの健康管理機能が実装されているが、それを装着している人が皆、よく歩いているわけではないことを指摘し、大胆にリスクを取る「イノベーター層」であっても、「毎日たくさん歩く」というエネルギーコストの高い新しい習慣を採用するハードルは想像以上に高く、むしろ、人は基本的に動かないという考えからスタートするのが行動デザイン研究所の基本スタンスであると述べている。つまり、販売方法に苦戦している腕時計型のウェアラブルデバイスの開発には行動デザインの考え方が必要である。

　Amazonの「ダッシュボタン」は行動デザインの考え方を用いた究極の例である。たとえば、飲料水のペットボトルのダッシュボタンを冷蔵庫のドアに貼っておいて、ボタンを押すと飲料水が1ケース宅配便で届く。これは「認知」や「理解」をショートカットしてダイレクトに行動を変えるマーケティング手法である。

　國田は著書『「行動デザイン」の教科書』の中で[8]、「金銭コスト」と「肉体コスト」、「時間コスト」、「頭脳コスト」、「精神コスト」を挙げ、人間はこれらのコストを少なくする行動を無意識に取ると述べている。上記の「ダッシュボ

タン」は「時間コスト」を減らす行動である。食べログの評価やSNSの口コミは、人々が選ぶという「頭脳コスト」を少なくするために参考にしている。

　上記の腕時計型デバイスの例もこれらの視点からコンセプトを考えると新しい提案ができる。なお、アップル製品の直感的なインタフェースデザインも、この行動デザインの考え方の典型と考えられる。

　同書では、「行動誘発装置による仕掛け」という考え方も述べられている。たとえば、お店のレジの前の床に引かれた一本の線は「この手前に並んで順番を待つこと」という行動誘発装置になっている。成田国際空港の第3ターミナルに採用された床に引かれた誘導線も行動誘発装置である。

ジョブ理論

　消費者の「ニーズ」を行動に関係した新しい視点から捉えた新しい方法論として、イノベーション理論の権威であるクレイトン・M・クリステンセンが発表した「ジョブ理論」がある[9]。この理論のユニークなところは、「人が商品・サービスを買う行為の背後にあるメカニズム」に着目した点である。

　そのメカニズムを具体的に説明すると、顧客（個人や企業）の生活にはさまざまな「用事」が日常的に発生し、彼らはとにかくそれを片づけなくてはならない。顧客は用事を片づけなくてはならないことに気付くと、そのために「雇える」製品やサービスがないものかと探し回る。

　つまり、顧客自身が片づけたい用事が「ジョブ」であり、それを実際に片付け、解決するための手段として、顧客は特定の製品やサービスを購入して消費することになる。「ジョブ」は日本語では「仕事」や「用事」と訳されることが多い言葉であるが、クリステンセンは、「ジョブ（Job）」とは「（顧客が）片付けるべきジョブ」と述べている。

　具体的な例で説明すると、「午後からの会議に集中できるように、自動販売機でコーヒーを"雇用する"」というように、「用事」と「雇用」という表現で購買

行動を考える立場である。つまり、この「ジョブ」こそが、顧客が商品・サービスを購入するかどうかの決定要因となる。

他方、「コーヒーの好きなメンバーと打ち合わせする際に、そのメンバーのために、自動販売機でコーヒーを"雇用する"」こともある。このように同じ顧客でも「ジョブ」によって購入理由が変わる。つまり、顧客のジョブに目を向けることで、新しいニーズを発見することができるという考え方である。

前述のミルクシェイクのインサイトの事例では、手短にお腹を満たして午前の仕事の活力にするというジョブで、雇用したのがサンドイッチではなく車のカップホルダーにもぴったり収まるミルクシェイクであった。このように、ジョブという考え方からインサイトを発見することができる。

さらに、このジョブ理論には「進歩」(プログレス)という考え方がある。顧客の目的は製品を購入することではなく、自分自身が何らかの進歩をするために、モノやサービスを購入するという考え方である。

前述のコーヒーの例でいえば、前者における進歩は、いい結果が出るように集中力を高めることである。他方、後者においては、メンバーとのコミュニケーションを良くすることが進歩になる。したがって、それらを向上させるためには、コーヒー以外の製品でもよいことになる。ジョブを進歩させるベストの製品やサービスを雇用すればいいのである。

ジョブ理論では、この「進歩」に加えて「状況」の考え方もある。前述の例でもわかるように、顧客自身のジョブは、それが生じるようになった特定の文脈によってのみ定義することが可能である。それに対する有効な解決策も特定の文脈でのみもたらされる。

具体的には、ジョブが発生するとき、顧客が「どこにいるのか」「だれと一緒にいるか」、あるいは「どういった社会的・文化的圧力が発生しているのか」といった事柄に着目して、彼らが成し遂げたい進歩の性質と、それが生じる状況を理解することが重要である。その中から新しいニーズを発見することができる。なお、より詳しい内容については専門書[10]に譲る。

ところで、クリステンセンのイノベーション理論は、従来のイノベーション（主に大手企業が改善・改良を積み重ねていく持続的イノベーション）の考え方とは異なる非常に革新的な理論を提唱した点に特徴がある。著書『イノベーションのジレンマ』[11]の中で説明されたその「破壊的イノベーション」とは、市場における既存のルールを根本的に覆し、そこにまったく新しい価値を創出するイノベーションのことである。

　たとえば、iPhone は、それまでの持続的イノベーションである携帯電話を、携帯機能を含んだ小型コンピューターという破壊的イノベーションのコンセプトによって駆逐した。また、ロボット掃除機のルンバも破壊的イノベーションの代表例である。この破壊的イノベーションを発見する方法のひとつとしてジョブ理論があるとクリステンセンは述べている。

タスク分析

　無意識の中のものを引き出す方法については、インクの染みを見て何に見えるかを答えてもらうロールシャッハ・テストに代表される「投影法」や、思いついた言葉や名前を答えてもらう「連想法」など、心理学を中心に様々な技法が開発されている。行動分析の手法のひとつであるタスク分析も「連想法」を取り入れている。

　タスク分析は、たとえば、表5.5に示すように縦方向はユーザーの行動の各段階のタスクを、横方向は操作性に関する5側面（開発対象に応じてカスタマイズ）と解決策を並べた表を用いる。この表が示すように、開発担当者間の討議により、この両者で囲まれた空欄の中にそれぞれのユーザー要求項目を書き出す。そして、それらの要求項目をもとに、各タスクに関する解決案のアイデアを創出するという手順である。このように問題点と解決策が視覚的に討議できる利点がある。

　複数人で、タスク分析表を作成する作業の中で、分析表の空白の枠を埋める

表5.5 5ポイントタスク分析の例(エレベータのデザインが対象)

シーン: エレベータで目的の階まで行く						解決策	
タスク	身体的側面	頭脳的側面	時間的側面	環境的側面	運用的側面	現実案	未来案
① エレベータを探す		一目でエレベータの場所が分かるように表示位置を工夫する		エレベータホールの照度を若干明るくする	お客様に聞かれたら直ぐに対応できるようにする	スマートフォンにエレベータ位置を表示する	
② エレベータ呼び出しボタンを探して押す	押しやすいボタンやその高さを考える 車椅子使用者ほか多様なユーザーに対応できること	ユーザーのメンタルモデルを考えて表示を検討する	ボタンを押したら直ぐに点灯する	ボタンの表示を判別できる照度を確保する	間違えたら、問い合わせができるようにする		エレベータドアの前に立つと自動的に呼び出しになる
...		...				...	
⑦ 目的階で降りる		到着を音や案内ガイドで知らせる					内側ドアに大きく階数が表示される

　作業過程で発想や連想による気づきが行われる。各社のデザイン部門でデザイン開発に際して以前から行われてきている。

　このタスク分析の有名な事例に掃除機のデザイン開発がある。掃除機を置き場所から取り出して、コードを引き出してコンセントに差し込むことからはじまり、最後に元の置き場所へ戻すまでの各タスクを設定して行動分析を行った結果、掃除機の車輪が小さくて、段差を乗り越えることができないという課題が発見された。そこで、実際の現行品の掃除機を用いて課題の確認が行われた。

　その結果、発見された課題を解決する方法として大口径の車輪デザインが採用された。この大口径の車輪の掃除機は、競合他社も同質化戦略で追随して、現在の掃除機の定番デザインとなっている。しかし、行動分析をもとにしているため、このタスク分析では人間が掃除しないロボット掃除機のアイデアは生まれない。

　一方、この行動分析を違う方法で実践している会社がある。それはアイリス

オーヤマで、「なるほど商品」という名称のマーケティング戦略で有名である。筆者はこの戦略の底辺に流れているのは消費者の行動を分析する「ユーザーイン」（User in）の視点であると考えている。開発者らは徹底的に他社製品を使い尽くして、ユーザー行動の視点から分析して新製品開発を行っている。

　たとえば、他社製品には見られない、お米と水の分量を計測する機能を付けた IH 炊飯器がある。つまり、任意の量のお米を釜の中に入れると計量された数値が表示される。次に水を入れるとその量が表示され、適量になると「OK」の表示が出る。これはお米を炊飯器で炊くという行動を極めて簡素にしたもので、行動分析の結果を商品化した事例とみなすことができる。

　さらに優れているのが、上部の釜部分と下部の IH 部分を分離できることである。上部は「おひつ」になり、下部で他の料理を作ることができる。開発者が一人のユーザーになって、「なるほど」となるまで行動分析を行った結果である。この「なるほど」という評価視点は後述する「わくわく感」とも関係してくる。

ラダリング法

　顧客の深層心理を抽出することのできる「ラダリング法」という連想を用いた調査方法がある[6] [12]。ラダリング法を用いると、無意識の領域に踏み込み、

表 5.6　ラダリング法の例

具体的 ↑	●「ミニバン」（例：ホンダのオデッセイ）
	↓　なぜあなたにとって大切なのですか？
	■家族みんなと一緒にドライブできる
	↓　一緒にドライブできるのは、なぜあなたにとって大切なのですか？
	■家族みんなと楽しく会話ができる
	↓　楽しく会話できるのは、なぜあなたにとって大切なのですか？
抽象的 ↓	★家族皆が揃うことがないので、「家族団らんの場」になる

顧客の「価値観」を明らかにすることができる。

　たとえば、表5.6に示すラダリング法による調査の例で、車内空間の広いミニバンは「なぜあなたにとって大切なのですか?」と繰り返し聞くと、具体的な機能的な価値から情緒的な価値へと掘り下げて行き、最後に生活者の価値観である「家族団らんの場」という抽象的な価値(上位概念)へと結びつく。この価値観を前述のジョブにして、新しい商品やサービスを雇用することができる。

　一方、ラダリングの派生系として「評価グリッド法」がある。ラダリング法が一つの「商品・会社」についてのイメージの連想だったのに対し、評価グリッド法は2つの製品の対比から「価値観」を導き出す手法である。評価グリッド法は対比を用いるので、心理学の投影法のひとつである。

　具体的には、2つの評価対象を示し、どちらが好ましいかを判断してもらうことから評価グリッド法はスタートする。たとえば、「トヨタのアクアとホンダのフィットだったらどちらが好きか?」という質問である。その答えに対して、「なぜそちらを選んだのか?」の理由を再質問する。多くの場合、2つのうちから一つを選ぶときには「情緒的価値」の答えとなる。この情緒的価値からラダリング法を行って、顧客の価値観を導き出すことができる。なお、評価グリッド法については、6章で詳しく言及する。

5.6　インターネットによるリサーチ

　デザイン部門で行われているリサーチは、デザインコンセプトを策定することが目的のため、定性的な調査が中心である。しかし、定量的な調査では、前述したようにポジショニング分析を目的としたイメージ調査が行われている。

従来のマーケティングのポジショニング分析では、「高価格⇔低価格」や「高品質⇔低品質」などの客観的な価値の軸が用いられるが、デザインの場合は、「洋風な⇔和風な」や「軽快な⇔重厚な」などの主観的な価値の軸が用いられる。このことから、感性的なポジショニング分析と呼ぶことができるかもしれない。

　他方、定性調査の行動観察やグループインタビューもユーザビリティ評価の一環として行われている。多くの回答者を必要とするアンケート調査は商品企画部門と連携して行われる。その場合は、マーケティング・リサーチの専門的な知識を持つ外部の調査会社と一緒に行われることが多い。

賢くなった消費者

　しかし、最近では、インターネット調査が利用しやすくなってきたことから、社内でマーケティング・リサーチを行うことが増えている。筆者も「トレンディングドットネット」(ホロンクリエイト) という主にデザイン向けのインターネット調査サイトの開発支援とコンサルティングを行っている。

　このサイトは回答者のリクルートに実績のあるアスマーク社と連携している。このサイトの大きな特徴として、回答者の募集から解析まで統合してリサーチが実施できる。誰でも手軽にネット調査を行うことができるサイトを目指している。なお、詳しくは巻末の付録に譲る。

　ところで、インターネットがニュースなどを閲覧するだけの Web1.0 から双方向の Web 2.0 になり、Facebook や Twitter などのソーシャル・ネットワーキング・サービス (SNS) の普及で、企業の情報や商品・サービスのあらゆる情報が簡単に入手できるようになった。そして、それらの SNS を通じて、ブランドの物語や商品に込められた思いに対する共感をネット上に拡散・シェアするようになってきた。その賢くなった消費者がよりよい商品やサービス、さらに、企業が社会的な責任を果たすことでよりよい世界を求めるようになった。

消費者の持つ情報量が企業よりも多くなり、企業が選ばれる時代になってきている。消費者はそれぞれの価値観にあった企業や商品・サービスを選ぶようになってきている。そのため、企業は明確なビジョンを示して、商品・サービスの開発において多くの消費者との共創が行われはじめている。

コトラーは、マーケティング 3.0 の時代は、消費者を断片的な質問で理解することの危険性と、企業は消費者と共に時系列的かつ総合的に時代を読む必要があると述べている。したがって、回答者でなくパートナーとして消費者に接することが必要である。

無作為抽出された消費者ではなく、CRM の視点から、その企業のファンである消費者にパートナーとして協力してもらう考え方である。その考え方をリサーチに持ち込んだのが、次に説明するオンラインコミュニティリサーチである。

オンラインコミュニティリサーチ

日本の SNS 利用者は 2017 年現在 7,216 万人（普及率 72％）であり、2019 年末には 7,732 万人へ拡大することが予測されている（ICT 総研）。このようにオンライン上でのコミュニケーションが急激に増加していることを受けて、定性調査でもオンラインコミュニティが活用されるようになってきている。

最初のオンラインコミュニティリサーチの試みとしては、2000 年頃に、米国のコミュニスペース社が MROC（エムロック：Marketing Research Online Community）の提供を始めた[6]。なお、MROC ではないオンラインリサーチとして、TV 会議システムを用いたオンライン型グループインタビューや、拡散している SNS の書き込みを対象にした分析などがある。

欧米では SNS の利用が日本よりも早く進んでいたため、ネット上のコミュニティに注目した定性調査である MROC の活用が拡大した。日本でも、2010 年から MROC の活用が始まった。普及の推進役になったのは、2011 年 3 月に出版された萩原雅之氏の『次世代マーケティング・リサーチ』で MROC が

紹介されたことと、同年3月11日に起きた東日本大震災である。大震災時、TwitterやFacebookによって刻々と発信された情報がオンラインコミュニティの可能性を実感させた。

図5.4の左側に示す、従来のオフラインのグループインタビューなどは、リサーチ担当者と参加者の一方通行のコミュニケーションである。したがって、図5.3に示す意識の階層のC領域までが限界である。D領域の深層欲求を求めるためには、図5.4の右側に示すように、オンライン上のコミュニティメンバーの協力を得る必要がある。

具体的には、オンラインコミュニティの主催者であるマネージャーがテーマを投げかけて、コミュニティの参加者同士の発言を活発化させて、消費者の深層心理に迫る、新たな発見や気づきを導き出す。なお、調査テーマに関しては、掲示板やブログ、投票、写真・動画（カメラジャーナルの写真や動画も含む）のアップロード、アンケートなどを組み合わせて提示することも行われている。

リサーチ会社が参加者をリクルートする大規模なMROCは数十〜数百名の消費者で構成される。調査テーマを提示する期間は数週間から1年近くである。調査テーマによっては、ブログなどを用いたクローズな数十名の参加者

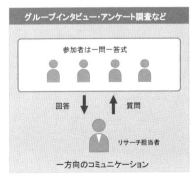
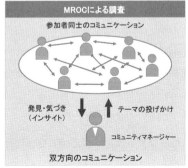

図5.4　従来のリサーチ手法とMROCの相違

による小規模な簡易 MROC も行われている。なお、筆者らも簡易 MROC が可能なオンラインソフトの開発を行っている。詳しくは巻末の付録に譲る。

表 5.7 に示すように MROC の利点は、地理的・時間的な制約なく参加者を募集できるため、その多様性からグループダイナミックス理論が働き、新たな発見や気づきが得られる。そして、実施期間が長期のため、生活に根差した本音や実態からインサイトを把握できる。また、参加者は匿名で参加するため、さらに本音を話しやすい。

表 5.7　MROC の利点

地理的・時間的な制約なく参加者を募集可能
グループインタビューの場合、調査対象者は会場の近くに限定されるが、MROC はネット接続環境があれば日本全国や海外からも参加者を募集することができる。 仕事などで多忙な人が参加するのは難しいが、MROC では、時間に余裕のある時には、いつでもどこからでも参加が可能である。
生活の中の本音や実態からインサイトを把握可能
・調査期間が長期のため、生活に根差した感想やじっくり考えた意見が出やすい。追加質問も可能なため、突っ込んだ内容も聞ける。 ・コミュニティ活動が長期のため、参加者の仲間意識が高まり、議論が活発化しやすい。参加者間の議論がテーマを深掘りし、参加者自身も気づいていないインサイトを導くことができる。 ・参加者は匿名で参加するため、本音を話しやすい。

このオンラインコミュニティリサーチの考え方をデザインマーケティングのリサーチに適用する研究が期待される。そのためには、前述したリサーチの分析（アナリシス）だけでなく、デザインの特徴である総合化（シンセシス）も加味した手法とすることが目指す方向である。

クラウドファンディングによる受容性評価

新しい考え方の商品やサービスを市場に投入する際は、成功するかどうかの

判断が難しい。特に大きな企業になると、その受容性の評価を経営側から求められる。これまで市場にない商品やサービスほど、市場調査結果の信頼性に対して疑問符が付く傾向にある。

そこで、最近、注目されているのがクラウドファンディングを用いた受容性評価である。Makuake（マクアケ）は、クラウドファンディングの仕組みを利用して新しいモノ・コトを生み出すプロジェクトが集まったサイト（プラットフォーム）を提供している。

一例として、富士通デザインらが2018年に提案（目標額：1050万円）したIoTメジャー「hakaruno」（ハカルノ）がある[13]。この商品は、フリマアプリやオークションサイトのユーザー、およびアパレル店舗に向けたもので、スマホアプリと電子メジャーで構成されている。具体的には、スマートフォンで撮影した画像の上をなぞって寸法を表示したい部分を決定し、実際の商品を電子メジャーで計測するとスマホの画像に反映される仕組みである。

メルカリなどに出品する商品の画像に寸法を記載することにより、出品者は商品説明欄では商品の魅力だけに絞ることができ、買い手も直感的に商品のサイズを確認することができる利点がある。詳しくは関連サイト[14]に譲る。

このプロジェクトは富士通デザインと富士通研究所の自主研究プロジェクトから始まり、メジャーのメーカー、電子デバイスのメーカー、ソフトウェアの開発会社が関わる共同プロジェクトである。

マクアケには事前審査があるが、採用された商品やサービスについてわかりやすい動画や解説写真を制作してくれる支援体制がある。つまり、広告宣伝のサイトとしての役割も担っている。また、ベンチャーのインキュベーターであるともいえよう。

なお、このマクアケはドイツのデザインアワード、iF DESIGN ARAWD 2019を受賞している。大手企業も利用し始めていることも受賞した遠因であると考える。

5.7 トレンド情報の収集

　企業を取り巻く環境にはマクロ環境とミクロ環境がある。マクロ環境とは政治や経済、法律、文化、技術の進展など、個別企業の力ではコントロールできない要因である。他方、ミクロ環境は顧客や競合他社、流通業者など、ある程度、企業からのコントロールが可能な要因である。

　デザインは時代を先読みして新しい商品やサービスを提案することが求められているため、ミクロ環境だけでなくマクロ環境も含めた定期的なトレンド情報の収集が重要である。コトラーは、マクロ環境の分析で注意しなくてはならないのは、トレンドとファッドを見分けることだと述べている。ファッドは一時的な流行であるため、確実にトレンドを見いだすことが求められる。

　「トレンド情報」を大別すると、①市場トレンド情報、②顧客トレンド情報、③技術・研究トレンド情報、④世の中トレンド情報の4つに分類・整理される[15]。筆者がインハウスデザイナー時代に主に利用していた情報源は、表5.8の中で、業界団体とシンクタンク、有力全国紙・ビジネス誌、業界専門誌紙であった。なお、表5.8の中でもファッドが含まれている可能性はある。

　一方、書籍を通じてトレンド分析の結果を紹介している研究者も少なくない。その中で、筆者の知人でデザインに比較的近い分野のトレンドを研究している小阪裕司の「ワクワク系マーケティング」を一つの例として紹介する[16]。

　モノの消費からコトの消費へと時代が変化していると既に述べたが、具体的にはどのような消費社会なのかを予測したのが「Beingの消費社会モデル」である。小阪は、書店のようで書店でない奇妙なお店「ヴィレッジヴァンガード」の事例を通じて、姿の見えない新しい消費社会を解説している。

　この店は書籍以外にも幅広い雑貨を扱う複合型で、売れ筋商品と共に趣味性の高い商品を扱い、全国で400店舗以上を展開し、若者に極めて人気である。

表 5.8　主なビジネス情報源とその特徴

情報源	特　徴
官公庁 / 自治体	調査の規模が大きく、信頼性・客観性が高い。国内・海外を問わず、国の成長戦略の確認可能。トレンド情報の視点からは、将来ビジョンや技術ロードマップが有益。新たな委員会や審議会の立ち上げは注目。
業界団体	調査対象の業界に業界団体が存在するかの確認が必要。業界団体のデータが業界スタンダードになるケースも。業界ビジョン報告書が発刊される場合は入手。
シンクタンク / 金融機関	アナリストレポートを筆頭に、特定の業界や企業についてコンパクトに整理。Web サイトで入手できるレポートも増加傾向。
民間調査会社	富士経済、矢野経済研究所等の大手をはじめ、特定業界の専門機関も多く存在。海外にも多数存在。日本国内では、10 万円前後の文献が中心。調査会社の刊行資料から時代のトレンドを読み取り可能。
有力全国紙・ビジネス誌	主要な新聞や雑誌で、どのような特集が取り上げられているのかを把握。特に企業特集は深読みが必要（なぜこの企業が特集されているのか、注目される理由などの視点）。
業界専門誌紙	速報性が高く、業界誌紙にしか載らない、ややマニアックな情報が得られることが大きな特徴。当該業界のメーカー・流通業とのつながりが深いため、製品情報や参入企業のコメントが豊富。多くは年間契約が前提。

（出所）菊池健司（2016）

展示されているのは生活必需品ではなく、なくても困らない商品なのだが、見ていると欲しくなり、店の中に居ると楽しいという評判である。商品は担当者の裁量により装飾的に陳列され、店舗ごとに異なったレイアウトになっている。

　その他の事例として、主婦層に熱烈に支持されている高級鍋「ル・クルーゼ」や、同程度の機能を持つ国産品よりずっと高価にもかかわらず奥様方に人気の輸入品の柔軟剤「ダウニー」、単価は一般のフローリング材の倍もするが、素足で歩きその心地よい感触を愉しむことのできる人気のライブナチュラル（Live Natural）を挙げている。

　それらの人気の背景を紐解くものとして、「Having：車や家を所有すること（モノ）」から「Doing：車や家が生み出すもの（コト）」、そして「Being の消費：心の豊かさを求め、毎日の生活を精神的に充実して楽しみたい」と消費者の関心が移ってきていることがあると述べている。そして、従来の工業化社会

のモデルと Being の消費社会モデルの比較を図 5.5 で示している。この両者の比較によって新しい消費社会の実像がわかりやすく示されている。

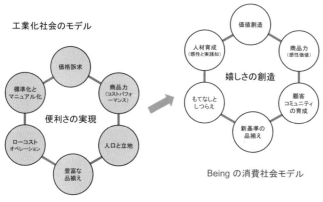

（出所）小阪裕司（2009）

図 5.5　新しい社会でのビジネスの 6 つの成立要件

[注釈]

　製品開発で用いられるリサーチ手法を表 5.A に示す。リサーチする際に、これらの手法の中から目的に応じた手法を選定する。さらに、案件ごとに適宜カスタマイズして実施する。なお、各手法の詳細は参考文献 [1] に譲る。

表 5.A　製品開発事前調査の主な手法

目的	分類	主な手法
市場・生活者理解	顧客価値分析	投影法
		グループインタビュー 個人インタビュー（デプス・インタビュー、コグニティブ・インタビュー等）
		SNS、WEB 分析
	ブランド価値分析	ラダリング法
		ブランドエクイティ分析
	消費行動分析	使用・意識実態調査
		エスノグラフィー（観察）
発見・探索	コンセプト開発	グループ・インタビュー 個人インタビュー
選択・スクリーニング	製品開発関連調査	コンセプトテスト（WEB 定量）
		パッケージ / デザインテスト （WEB、CLT 定量）
		コピー /CM テスト （FGI、WEB、CLT/ 定性・定量）
		ブラインド・ホームユーステスト （HUT 定量）
意思決定・予測	トータルパフォーマンス調査	C/P テスト（HUT 定量）
		パッケージテスト （CLT シェルフ定量、店頭観察）
		CM テスト（CLT 定量）

(出所) 朝野（2018）

6

感性デザインとマーケティング

DESIGN MARKETING TEXTBOOK

6章 感性デザインとマーケティング

6.1 デザインの審美性

　デザインには審美性と問題解決の両面があると1.1節のデザインの定義で述べた。製品重視のデザインマーケティングの時代には、審美性、つまり造形的な美しさを表現するスタイリングデザインまたは商業主義的なコスメティックデザインが中心であった。次の顧客志向のデザインマーケティングの時代になると顧客のニーズを発見して製品デザインに表現していくという問題解決に軸足が移った。

　さらに、今日の人間中心のデザインマーケティングでは、社会の多くの課題を解決するためにデザインの考え方が求められるようになってきている。また、人々の豊かな生活を実現するためにデザインの役割が増大している。したがって、審美性と問題解決のどちらか一方ではなく、両方の役割が大きく期待されている。

　これまで審美性については、すべてをデザイナーの内なる造形能力に頼ってきたが、それはあくまでも担当したデザイナー自身の美意識を表現したものである。多くの人々が求めている美意識と一致しているという保証はない。そこで、デザインマーケティングという視点からは、デザイナーが対象商品に対する人々の審美的な感性を理解して、デザインすることが求められる。

　しかし、この感性を理解するには、人々の心の中を解明する方法が必要となる。その方法として有名なのが、心理学者のオズグッド（1957年）が提唱する心理測定法であるSD（Semantic Differential）法である[1]。この手法は、たとえば、新製品を手に取った時に、消費者がその製品に対してどのような印象を感じたかを測定することができる。

　具体的には、図6.1左側に示すように、反対の意味を持つ形容詞を尺度の両極に置いた評定尺度（5段階、7段階等）を用いる。たとえば、「軽快な⇔

重厚な」という形容詞対の尺度を例にとれば、被験者は、対象物が非常に軽快と感じたら、その尺度の「非常に軽快な」に該当する欄（5点）に印をつけ、非常に重厚と感じたら、「非常に重厚な」に該当する欄（1点）に印をつける。そして、チェックされた値を基に、各形容詞対について被験者の平均値を求め、全形容詞対に同様の処理を行う。

この結果を折れ線グラフで図示したものがセマンティックプロフィール（図6.1右側）である。この折れ線グラフから対象の印象を判断する。今日では、求められた各形容詞対の平均値を因子分析などの統計解析を用いてポジショニング分析（5章の図5.2に示すプロダクトマップ）にも適用している。さらに、「好き」や「購入したい」という態度用語の評定尺度の平均値を用いて、どんなイメージ（形容詞）の製品が好きかという分析も行われている。

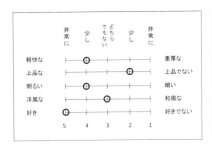 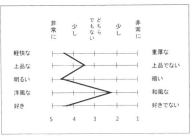

図6.1　5段階評定尺度（左）とセマンティックプロフィール（右）

ところで、このような「顧客に好まれるデザイン」ではなく「顧客を魅了するデザイン」を追求する企業のデザイン部門もある。その代表が4.3節で述べた自動車メーカーのマツダである。デザインの最終判断をするのはデザイン責任者で「魂動デザイン」を推進する前田育夫である。個人の判断というリスクもあるが、顧客を魅了するデザインが可能なのは、競争地位戦略で「ニッチ」な位置にある開発機種が少ないメーカーに限られる。

筆者が製品開発を指導する企業では、開発機種が多く製品の発売サイクルが短いため、「顧客に好まれるデザイン」を志向している。また、デザインを外部のデザイン事務所に依頼する場合も多く、デザイナーとのコミュニケーションを円滑にするためにも、分析結果を反映して策定したデザインコンセプトが筆者の体験からも有効である。

しかし、心理測定を用いた分析結果を、そのままデザインに反映するだけでは今のデザインであって、明日のデザインで好まれることにはならない。そこに新たな魅力を加味する必要がある。そのためにはデザイナーの創造性の発揮が求められる。

6.2　顧客の認知評価モデル

製品のデザインに対する顧客の感性的な評価は、それを見てすぐに感じられる人の無自覚過程からの結果として得られる。その可視化されていないブラックボックスな過程から、デザイナーは設計（デザイン）するための要求項目を事前に把握することができない。そこで、彼らは対象製品に関するイメージなどのキーワードをもとにデザインの方針を決めている。

しかし、もし、顧客の無自覚過程の評価に関する認知評価モデルが明らかになり、さらにその認知評価モデルから具体的なデザインの知識が得られるとするならば、顧客に好まれるデザインが実現できる。つまり、5章の表5.4のマーケティングコミュニケーション・マトリックスのD領域が明らかになる。

この認知評価モデルとして、有名な「パーソナル・コンストラクト理論」がある。この理論は、臨床心理学者のG. A. Kellyが1955年に提唱した[2]。この

理論をもとに、讃井純一郎らは住環境の評価項目とその項目を用いた階層的な構造を抽出する評価グリッド法を提案している[3]。人間の行動の情報処理プロセスである認知評価モデルをデザインに適用できるように、森典彦の対象構造を捉えるデザインプロセスの枠組み[4]を参考にして、筆者らは図6.2に示す簡潔な認知評価モデルを提案している[5]。

人間行動をこの認知モデルで考えると、たとえば、女性向け製品を見たとき、その形態要素から示される認知部位を知覚した後、それに対していくつかの印象（イメージ）を感じ、その視知覚情報処理の無自覚過程を経て、最後にその処理の結果である魅力的や好きという態度を自覚（経験）する。一方、この階層関係の下位から上位への人間行動を、逆に上位から下位へ分析してその構造を明らかにすると、設計の際の有益な知識となる。

具体的に説明すると、たとえば、化粧品のパッケージデザインについて、消費者が示す「好き」という態度には、「上品で高級な」イメージが寄与しているとわかる（図6.2）。そして、「上品」なイメージを実現するためには、その下位の白色を基調としたセリフのある書体のデザイン処理を施せばよいというように構造関係が明らかになると、具体的な設計の知識となる。また、この明らかになった評価構造がパッケージデザインの特徴の全体像を示している。

他方、顧客である若い女性は、下位の白色を基調としたセリフのある書体

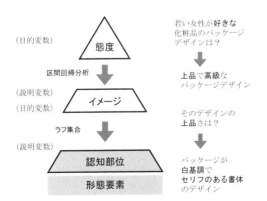

図6.2　認知評価モデルとデザイン知識獲得の流れ

6章 感性デザインとマーケティング

のデザインを見たら、それを「上品」と感じて、また「高級な」とも一緒に感じたら、「好き」という評価をすることが示されている。この認知評価モデルを数理的に解析できたら、ターゲットの顧客が好むデザインの製品を開発できる。なお、「態度」というのは、「好き」とか「購入したい」などの好意・非好意の程度を伴う心理的な価値判断である。

　この評価構造を解明する定性的な方法として、次節で述べる評価グリッド法がある。他方、定量的な方法としては、態度とイメージの関係を重回帰分析で、イメージと形態要素との関係を数量化理論Ⅰ類で求めることができる。しかし、デザインを対象にした場合、サンプル数が多く求められないことや、多変量解析は線形式であるため項目間の独立性が確保できない場合、求めた係数が直感に反する値になる多重共線性という数学的な課題がある。そこで、人間に関係する感性データを分析する手法として、筆者らはこれらの課題を解決できる区間回帰分析とラフ集合を、認知評価構造の解明に用いている。その筆者らが提唱する感性デザインの手法について次節以降で解説する。

6.3　イメージと認知部位の抽出

　デザインしようとする製品の認知評価モデルを明らかにするために最初に必要なのが、イメージと認知部位の抽出である。これらを先行研究や製品の記事が載っている雑誌や書物、ネット記事から求めることもできる。しかし、誰が実施してもほぼ同じ内容になる、つまり最も再現性が高いのが評価グリッド法である[3]。

　この評価グリッド法は、1986年に讃井らによって開発された。インタビュー

調査の中で、比較的歴史のある、また広く使われている手法でもある。臨床心理学の分野で治療を目的に開発された面接手法をベースに、改良・発展させたものである。この手法でイメージと認知部位を抽出する。

　評価グリッド法は、前説で述べたパーソナル・コンストラクト理論の人間モデルを前提にしている。このモデルは、建築デザインを専門とする讃井の表現を用いると、「窓が大きい・小さい」や「天井が高い・低い」といった客観的かつ具体的な理解の単位を下位に、「開放感がある・ない」といった感覚的な理解を中位に、さらに「快適な生活がおくれる・おくれない」といったより抽象的な価値判断を上位に持つ階層的な認知評価構造である。

　評価グリッド法の最大の特徴は、回答者にさまざまな事例を提示して、それらを比較しどちらが好ましいかを判断させ、その評価判断の理由を尋ねるという形式で、評価項目を回答者自身の言葉によって抽出する点にある。

　第二の特徴は、回答者には回答の自由を 100％確保しつつも、調査自体は一定の手順に従って進められる点である。その結果、従来の一般的なインタビュー調査のように、調査結果がインタビュアーの個人的な能力に大きく依存するといったことがなく、誰でも安定した結果が期待できる。さらに、インタビュアーの主観の混入も最小限に抑えられる。

　評価グリッド法の手順は、準備、面接、まとめ・分析の３つの段階から成る。この評価グリッド法は、考案者である讃井らによって、施設環境関係の評価項目の抽出に用いられてきた。彼らは、この手法によって、最終的には階層的な評価項目間のネットワーク図を作成することを目的としている。例えば、そのネットワーク図からリゾート施設の魅力の構造を読み取る試みを行っている。

　この手法の、比較によって優劣を判断する面接調査の考え方とラダリング手法に注目して、筆者らは製品デザインの評価項目の抽出に応用している。今日、マーケティング分野や感性工学でも広く用いられている。ラダリング法の具体的な手順を以下に述べる（図 6.3、詳しくは筆者の YouTube 動画を参照）。

　まず、被験者に事前に準備した 50 種類のパッケージのサンプルをよく見て

もらい、デザインが良いと思うもの上位5つ程度と、逆にあまり良くないと思うものを5つ程度選んでもらう。前者のデザインが良いと思うサンプルを良い順番に並べてもらう。そして、1番目と2番目に良いと思ったサンプルを被験者の前に並べ、1番目に良いと思ったサンプルの方を取って、「なぜこちらの方がいいのですか？」という質問をする。

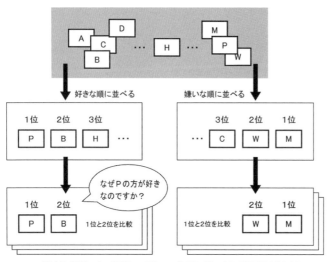

図 6.3　評価グリッド法（ラダリング法）の手順

たとえば、この質問に対する回答から、被験者は「上品だから」「高級感があるから」などのイメージ語で評価していることがわかった場合は、「どのようなところが、上品な感じがするのですか？」とさらに質問する。ここで「白色が基調だから」や「細長い形だから」など、被験者が認知する形態要素（認知部位）が答えとして出てくるまで繰り返す。これをラダーダウンと呼ぶ。

逆に、最初の質問で「パステルカラーだから」と認知部位で評価していた場

合は、「このカラーだとなぜデザインが良いと感じるのですか?」などと質問して、「綺麗な感じがする」などのイメージ語が出るまで繰り返す。これをラダーアップと呼ぶ。

これを、2番目と3番目、3番目と4番目…と続ける。また、後者のデザインが良くないと思ったサンプルについても同じように行い、被験者が認知する形態要素およびイメージ語を引き出していく。そして、出現頻度の高いイメージ語と認知部位を前節で述べた認知評価モデルの分析に用いる。

なお、出現頻度の高いものを選択する方法としては、表の縦方向に上側にイメージ語、下側に認知部位に関する細目を、横方向に各被験者を配したものを準備して、その表の中にラダリング法で被験者が発話した縦の細目に該当する発話内容を記入する。そして、その表から出現頻度の高いものを選ぶ。

また、ラダリング法を実施する実験者は、ラダーアップとラダーダウンを行うときに、被験者の発話を「おうむ返し」する。または、被験者の発話を簡潔に要約して確認の会話を行うと、自然な会話になり、被験者が発話しやすくなる。ただし、実験者は誘導したり実験者の意見を述べることは厳禁である。

6.4 特徴の抽出法

前節で述べた評価グリッド法のラダーダウンの例として、被験者の述べた「上品な」に対して、「白色基調」や「細長い形」が上品を表現する認知部位であることを実験例で示した。この結果から上品なデザインをするには白色基調で細長い形に表現すればいいことが判明した。しかし、これはあくまでも一人の被験者の結果である。そこで、数学的な手法を用いて、ターゲットである顧

客の多くが支持する特徴を求めることが必要となる。

　人の特徴を把握する際、外見上の要素を探し、端的に説明できる要素を捉えようとする。しかし、他の人にはない要素がない場合は、「メガネをしていて、かつ白髪で、…」というように要素の組み合わせが他の人にはないものを捉える。これは商品の特徴を抽出するときも同じである。「特徴は要素の組み合わせ」という考え方は、1982年にPawlakにより提案されたラフ集合[6]と関係する。

　特徴の記述は「友達のAさんは、メガネをかけている人で、白髪で背が高い」と列挙することが多い。日常では、「白髪」や「背が高い」というように対象を大まかに分類する。対象をより正確に表現しようとすれば、「細長の茶色いメガネをかけていて、髪の毛の8割が白髪で、身長は約180 cm」と多く並べ上げることになる。

　荒い記述は、対象を十分に特定できないデメリットがある。一方、細かい記述は、対象をより精密に特定するが、本質が見極め難くなるという欠点を持つ。したがって、現実的には、ほどよい記述の仕方が望ましいと考えられる。これがラフ集合の考え方のもとになっている。なお、Aさんの特徴は「メガネ」で「白髪」、「背が高い」の組み合わせとなる。この組み合わせを、ラフ集合では決定ルールと呼んでいる。なお、本節の以下の部分は数学的な説明になるので、興味のない方は読み飛ばしてもらって差しつかえない。

　ラフ集合は今日、人間を研究対象とするソフトサイエンスの手法の一つとして適用研究が進んでいる。簡単な例題で説明する。まず、表6.1の決定表の中のサンプルS_1からS_4の「高級感」と「かわいい」のイメージの項目（属性）に注目して、「高級感」を「かわいい」と識別する属性値を探すと、「表面処理・あり」となる。これを知識ルール（決定ルール）で表現すると、次のようになる。

　　　　　If［表面処理・あり］then「イメージ語：高級感」

　さらに識別する属性値を探すと、「文字・セリフ」と「造形・長方形」の組

み合わせが発見できる。このように、ラフ集合の計算結果は、単独の属性値ま
たは属性値の組み合わせとなる。なお、評価基準を示すイメージ語を決定クラ
スと呼ぶ。表 6.1 では 3 つの決定クラス（上から、D_1、D_2、D_3）がある。

　次に、表 6.1 の決定表の中のすべてのサンプルに注目すると、サンプル S_4
および S_5、S_6 は 4 種類の各属性の属性値がすべて同じで、しかし「イメージ」
が異なるため、S_4（決定クラス D_2）と S_5、S_6（決定クラス D_3）は矛盾するデー
タとなっている。Pawlak のラフ集合では、このような矛盾するデータを無視
してルール抽出を行うため、表 6.1 から「上品な（決定クラス D_3）」に関する
決定ルールを抽出することはできない。

　この例でわかるように、Pawlak のラフ集合では決定ルール抽出の際、デー
タ間の矛盾をうまく扱うことができない。そこで、1993 年に Ziarko により可
変精度ラフ集合[7]のモデルが提案された。ある程度の例外や矛盾を許す手法の
ひとつである。

　可変精度ラフ集合では、表 6.1 のサンプル S_4 および S_5、S_6 は 4 種類の各属
性の属性値がすべて同じで、これに対して、可変精度ラフ集合によるルール抽
出では、詳細は省略するが、そのイメージでの矛盾を例外と見なすことで、決
定ルールを抽出することができる。

　以上の考え方をもとに、4 つの製品に対する 5 名の簡単な感性評価データに

表 6.1　可変精度ラフ集合の説明例（決定表）

サンプル	カラー	文字	表面処理	造形	イメージ
S_1	白	セリフ	あり	長方形	高級感
S_2	黒	セリフ	なし	矩形	かわいい
S_3	白	セリフ	なし	矩形	かわいい
S_4	白	サンセリフ	なし	長方形	かわいい
S_5	白	サンセリフ	なし	長方形	上品な
S_6	白	サンセリフ	なし	長方形	上品な

6章 感性デザインとマーケティング

適用すると表6.2に示すようになる。表6.2では、製品設計のための属性（条件属性）の集合、評価者による決定（例えば、1：高級感がある、2：どちらでもない、3：高級感がない）が、それぞれ、$S = \{S_1, S_2, S_3, S_4\}$、$A = \{a_1, a_2, a_3\}$、$d$ である。

そして、j 番目の評価者のサンプル i への評価が x_{ji} である。表6.2のサンプル S_1 では、5名の評価が同じサンプルに対して、3名の $d=1$ と2名の $d=2$ に分かれている。なお、条件属性集合 A の任意の属性 a_k は、その属性値の領域をもつ。$a_k = \{1, 2\}$ で、たとえば $a_1 = \{白, 黒\}$、$a_2 = \{セリフ, サンセリフ\}$、$a_3 = \{表面処理あり, 表面処理なし\}$ などが考えられる。

表6.2は表6.1の一般的な決定表とは異なり拡張された決定表である。この表からわかるように、同じサンプルは同じ属性を持っているが、人間の評価によっては矛盾を含んでいる。この決定表を用いて、筆者らは、可変精度ラフ集合の応用である工藤康生と村井哲也の提案する簡便な縮約計算手法（L^β 縮約）[8]を決定クラスの推定に用いた。

この手法では、誤りを許容する度合いである β 値を用いて決定クラスを推定する。表6.2の右側に示すように、β 値により決定クラスを確定できない「×」の製品がある。この β 値は、$0 \leq \beta < 0.5$ という制約条件があり、β 値が小さくなると、誤りを許容する度合いが厳しくなるため、より特徴が明確な決定ルールが得られる。

ラフ集合の大きな課題に沢山の決定ルールが抽出されることがある。β 値を導入することで、決定クラスが確定できないものが増え、決定表の中のサンプル数が減るため、求められる決定ルールも少なくなる利点がある。

表 6.2 被験者評価の矛盾を含む決定表の例と β 値の評価例

サンプル (S)	評価者 (U)	属性 (A) a_1	a_2	a_3	評価 (d)	評価 (d) $\beta = 0.3$	評価 (d) $\beta = 0.45$
S_1	x_{11}	1	2	2	1	×	1
	x_{21}	1	2	2	1	×	1
	x_{31}	1	2	2	1	×	1
	x_{41}	1	2	2	2	×	1
	x_{51}	1	2	2	2	×	1
S_2	x_{12}	2	1	2	2	×	2
	x_{22}	2	1	2	2	×	2
	x_{32}	2	1	2	2	×	2
	x_{42}	2	1	2	1	×	2
	x_{52}	2	1	2	3	×	2
S_3	x_{13}	1	2	1	2	3	3
	x_{23}	1	2	1	3	3	3
	x_{33}	1	2	1	3	3	3
	x_{43}	1	2	1	3	3	3
	x_{53}	1	2	1	3	3	3
S_4	x_{14}	2	2	2	1	1	1
	x_{24}	2	2	2	1	1	1
	x_{34}	2	2	2	1	1	1
	x_{44}	2	2	2	1	1	1
	x_{54}	2	2	2	2	1	1

6.5 認知評価構造の分析手法

　態度とイメージの因果関係を分析する区間回帰分析[9]は、入出力関係を区間モデルで仮定する。そして、あいまいな現象はあいまいな区間関係で同定する方が現実的という視点から、特にあいまい性を特徴とする人間を対象にした分析には適している。この区間を可能性と考えるために統計的な誤差分布を推定する必要がないため、比較的少ないサンプル数でも定式化でき、少ないサンプル数の解析に適した手法である。区間値を採用していることから多重共線性の

問題にもある程度は対応できる。

一方、イメージと認知部位の因果関係を分析するラフ集合は非線形のモデルであるため、多重共線性とは関係がない。また、サンプル数が変数（属性）の数よりも多くなくてはならないという大きな制限もない。実際に製品デザインの調査分析を行うときに、たくさんのサンプルを収集することはとても困難である。ラフ集合では比較的新しい製品だけでの現実に即した分析が行える。また、重回帰分析のような線形式の場合とは異なり、集合論のためデータの外れ値に対するロバスト性も高い。さらに、前節で述べたように、可変精度ラフ集合で、より特徴が明確な決定ルールを得ることができる。

市販されていた50種類の化粧品のパッケージの事例で具体的に説明すると、まず、被験者10名を対象に評価グリッド法のラダリング法を行った。その結果から、表6.3に示す評価項目12項目と認知部位（表6.5の7アイテム28カテゴリー）を抽出した。

態度とイメージの関係分析

上記の得られた12項目の評価用語について、女子大生30名（経験則として最少の必要人数）に、SD法を応用した5段階評定尺度による上記のサンプルに対するアンケート調査を行った。得られたデータから12の評価項目について平均値を求め、それをもとに態度「デザインが良い」と各イメージ語の関係を区間回帰分析で分析した。

この結果から、デザインが良い化粧品パッケージとして、女子学生らは綺麗で上品なデザインを重視していることが示された。また、かわいらしさや若者向けであることも好評価している。このように嗜好構造が明らかになった。なお、各区間値がほぼゼロであるので、信頼性の高い結果である。

表 6.3　態度とイメージの関係分析

イメージ	デザインが良い	
	中心	区間
上品な	**0.421**	0
若者向き	0.222	0.069
綺麗な	**0.764**	0
華やかな	0.039	0
目立つ	-0.158	0
派手な	0.048	0
かわいい	0.322	0
明るい	-0.315	0.055
清潔感のある	-0.323	0
シンプルな	0.066	0
高級感がある	-0.048	0

イメージと認知部位の関係分析

　次に、綺麗と上品のイメージを表現するにはどのような認知部位かを求める
ためにラフ集合を用いる。このラフ集合演算には表 6.4 右側に示す属性（認知
部位）と決定クラスからなる決定表が必要となる。属性はすでにラダリング法
で求められているので、結論部の決定クラスの推定が必要である。そこで、
SD 法データを前提とした、6.4 節で述べたより特徴を抽出できる可変精度ラ
フ集合による筆者らの提案する推定法を用いた[10]。

　その推定結果の一覧を評価用語「上品な」について示したものが表 6.4 左側
である。この表の中の「0」は決定クラスが D_3、D_2、D_1 のいずれにも確定し
なかったことを示す。なお、5 段階評定尺度評価の回答のままでは決定クラスの
大部分が「0」になるため、SD 法の 5 段階評定値の「1」と「2」を 3 段階の決定
クラスの「1」(D_1) に、5 段階評定値の「3」を 3 段階の決定クラスの「2」(D_2) に、
5 段階評定値の「4」と「5」を 3 段階の決定クラスの「3」(D_3) に変換している。

6章 感性デザインとマーケティング

表 6.4 「上品な」の決定クラス推定（左）と決定表（右）

サンプル番号	β値 0.05	0.1	0.15	0.2	0.25	0.3	0.35
50	3	3	3	3	3	3	3
1	0	0	3	3	3	3	3
7	0	0	3	3	3	3	3
11	0	0	3	3	3	3	3
16	0	0	3	3	3	3	3
26	0	0	3	3	3	3	3
48	0	0	3	3	3	3	3
49	0	0	3	3	3	3	3
5	0	0	0	1	1	1	1
13	0	0	0	3	3	3	3
27	0	0	0	3	3	3	3
33	0	0	0	3	3	3	3
46	0	0	0	3	3	3	3
12	0	0	0	0	3	3	3
14	0	0	0	0	3	3	3
47	0	0	0	0	3	3	3
6	0	0	0	0	0	3	3
10	0	0	0	0	0	3	3
39	0	0	0	0	0	3	3
40	0	0	0	0	0	3	3
43	0	0	0	0	0	3	3
8	0	0	0	0	0	0	3
9	0	0	0	0	0	0	3
15	0	0	0	0	0	0	3
18	0	0	0	0	0	0	3
19	0	0	0	0	0	0	3
20	0	0	0	0	0	0	3
22	0	0	0	0	0	0	3
31	0	0	0	0	0	0	1
36	0	0	0	0	0	0	3

サンプル番号	カラー 主色	従色	文字 主文字	従文字	表面処理 光沢感	造形 ボリューム	形	決定クラス
50	A1	B5	C2	D2	E2	F2	G2	3
1	A4	B5	C3	D2	E1	F3	G1	3
7	A5	B5	C2	D2	E1	F1	G1	3
11	A1	B2	C3	D3	E2	F2	G3	3
16	A3	B5	C3	D3	E1	F1	G1	3
26	A1	B5	C2	D5	E2	F2	G2	3
48	A2	B1	C3	D3	E2	F3	G1	3
49	A2	B5	C3	D5	E2	F1	G1	3
5	A4	B3	C3	D2	E2	F2	G2	1
13	A2	B5	C3	D3	E1	F3	G2	3
27	A5	B3	C1	D3	E1	F2	G1	3
33	A5	B5	C4	D2	E1	F2	G3	3
46	A4	B4	C2	D3	E2	F2	G3	3
12	A1	B5	C3	D3	E1	F2	G3	3
14	A4	B5	C3	D1	E3	F2	G3	3
47	A1	B4	C3	D3	E2	F2	G3	3
6	A4	B4	C4	D1	E2	F2	G3	3
10	A1	B4	C3	D2	E2	F2	G3	3
39	A5	B5	C3	D3	E2	F3	G1	3
40	A4	B5	C4	D2	E2	F2	G3	3
43	A4	B1	C2	D1	E2	F2	G3	3
8	A1	B4	C2	D3	E1	F1	G1	3
9	A1	B1	C2	D2	E1	F1	G1	3
15	A4	B5	C3	D1	E2	F1	G1	3
18	A4	B3	C4	D3	E1	F2	G1	3
19	A1	B2	C4	D3	E2	F3	G1	3
20	A4	B5	C3	D3	E1	F3	G3	3
22	A4	B4	C2	D2	E2	F2	G3	3
31	A3	B3	C3	D3	E1	F2	G1	1
36	A1	B4	C3	D3	E2	F1	G3	3

6.4節で述べたように、決定クラス推定方法では、可変精度ラフ集合の可変となる誤り精度β値（$0 \leq \beta < 0.5$）を用いて、β値が小さいほど、例えば「上品な」を顕著に表現したサンプルとなる。他方、β値が大きいと、その特徴が緩いサンプルとなる。したがって、表6.4左側に示すように、β値が「0.05」に向かうほどサンプル数は絞り込まれ、β値が「0.5」に向かうほどサンプル数は多くなる。なお、表6.4ではβ値「0.4」以上は省略してある。

次に表6.4左側から、どのβ値を採用したかについて説明する。まず、一部の特定のサンプルの特徴とならない範囲で、顕著な特徴を抽出することが求め

られるので、ある程度のサンプル数が必要である。また、ラフ集合では、ある決定クラス（例えば、決定クラス D_3）での特徴を示す決定ルールは、他の決定クラス（決定クラス D_1 など）との比較から求められるので、その他の決定クラスのサンプル数も複数必要である。さらに、顕著な特徴を抽出するには、両極のサンプル同士で比較が必要である。以上の内容を具体的な要件としたのが下記である。

1) 下記の 2 条件を同時に満たす β 値の最小区間値

　条件 1：決定クラス D_3、D_2、D_1 に確定したサンプルの合計が、サンプル総数の 3 分の 1 以上あること（本事例では、確定したサンプルは 30 /50 個）。

　条件 2：確定した決定クラスに D_3、D_1 の両者が含まれており、かつ少ない方の決定クラスでもサンプルが 2 個以上あること（決定クラス D_2 はこの条件の対象外）。

2) サンプルの絞り込み条件

　決定クラスが D_3（例えば、「上品な」）、D_2（例えば、「どちらでもない」）、D_1（例えば、「上品でない」）に確定したサンプルで、さらに両極の D_3 と D_1 を決定クラスとする方法を採用した。

　以上の具体的な要件をもとにして検討した結果、表 6.4 左側の太線で囲まれた範囲が、確定した決定クラスを示す。つまり、「上品な」は $\beta = 0.35$ の時の決定クラスである。その求められた決定クラスを用いて決定表にしたのが表 6.4 右側である。同じようにして、「綺麗な」の決定表も求めた。

　このように可変精度ラフ集合で特徴を絞り込んだことにより、両方のイメージについて特徴の強い単独の属性の決定ルールが抽出された。その決定ルールが全サンプルに占める割合を示す CI 値（Covering Index）を用いて、その結果（後述するコラムスコア）を表 6.5 右側に示す。表 6.5 の数値は、表 6.4 の決定クラス D_3「上品な」より求められたが、決定クラス D_1「上品でない」で求められた結果で高得点のものは△印（△△はより高得点）で示してある。ラフ集合は数量化理論 I 類などと異なり、D_3 のプラスに寄与する属性値だけで

なく、D_1のマイナスに寄与する決定ルールも求められるという優れた利点がある。

この優れた利点は、6.1 節で述べた「顧客に好まれるデザイン」ではなく「顧客を魅了するデザイン」を求めるデザイナーにも受け入れられると考える。つまり、このようなデザインをした方が良いという知識よりも、このデザインは避けた方が良いという知識の方がデザイナーの創造性を発揮する範囲が広いため、顧客を魅了するデザインの可能性が広がると考える。

表 6.5 イメージと認知部位の関係分析

属性				綺麗な	上品な
カラー	主色	白基調	A1		0.357
		黒基調	A2		
		原色	A3	0.36	△
		パステル	A4		△
		金・銀色	A5		
	従色	白	B1		
		黒	B2		
		暖色系	B3		△△
		寒色系	B4	0.28	0.25
		なし	B5	△△	0.464
文字	主文字	日本語	C1		
		セリフ	C2	0.32	0.285
		サンセリフ	C3		△△
		特殊文字	C4	△	
	従文字	日本語	D1		
		セリフ	D2	0.32	
		サンセリフ	D3	△△	
		特殊文字	D4		
		なし	D5		
表面処理	光沢感	あり	E1	0.44	
		なし	E2		
		透明	E3		
造形	ボリューム	大	F1	0.28	0.25
		中	F2	△	△
		小	F3		0.285
	形	細長い	G1		0.642
		矩形	G2		△
		長方形	G3	0.4	

なお、「綺麗な」と「上品な」の決定ルールは多数求められたので、分析と考察を容易にするために、筆者らの提案する決定ルール分析法を用いて分析した[11]。この分析法は、属性値の組み合わせを組み合わせ表の考え方で、決定ルールの属性値とCI値を配分する手法である。数量化理論I類において目的変数への寄与度を示すカテゴリースコアに相当する、標準コラムスコア（CI値の積算から算出）が求まる。「綺麗な」と「上品な」について求めた標準コラムスコアが表6.5に記してある。

　以上の分析結果から、顧客が「デザインが良い」と考えるパッケージデザインの特徴の構造が読み取れる。表6.5からデザインが良いパッケージデザインは綺麗と上品のイメージを持ち、綺麗と上品でプラスとマイナスに評価が分かれた属性値を考察から外すと、「主色は白基調で従色は寒色系、主文字と従文字は両方ともセリフ書体で、光沢感のある細長い箱で、ボリュームが大きく感じられるデザイン」となる。

6.6　分析結果の検証と創造性

　上記の化粧品のパッケージデザインの分析結果を反映したデザインが期待通りかを確認（検証）する必要がある。筆者のこれまでの応用事例ではほとんどが期待通りであったが、その検証方法について、デジタルカメラの事例で説明する[12]。また、創造性については、前節の決定クラス D_1 のマイナス評価の考察の仕方で言及したが、それ以外の方法についても解説する。

6 章 感性デザインとマーケティング

デジタルカメラの事例における検証

市販の 40 種類のデジタルカメラを対象に、評価グリッド法（7 名）を用いて 13 評価項目を抽出し、被験者 30 名に SD 法の 5 段階評定尺度で回答してもらった。前回の事例と同じ方法で分析し、その結果を表に整理したのが表 6.6 と表 6.7 である。表 6.6 で得点が高い「高級感がある」に焦点を絞って、それがレンダリングのスケッチで表現されているかを検証する。

表 6.6　態度とイメージの関係分析結果

	買いたい	
イメージ	中心	区間
頑丈な	-0.007	0.049
スリム	-0.895	0.029
スタイリッシュ	0.675	0
新鮮な	0.063	0
レトロ	0.478	0
カメラらしい	-0.605	0
軽い	0.270	0.050
高機能	0.546	0.001
可愛い	-0.322	0
プロっぽい	-0.396	0
高級感がある	0.643	0
シンプル	0.384	0.003

表 6.7　イメージと認知部位の関係分析結果

属性	属性値	記号	高級感がある	高級感がない
本体サイズ (A)	大きい	A1	○	
	中	A2		
	小さい	A3		△
レンズサイズ (B)	大きい	B1	○	
	中	B2		△
	小さい	B3		
ボタン数 (C)	多い	C1		
	中	C2		
	少ない	C3		
ロゴの量 (D)	多い	D1		
	中	D2		△
	少ない	D3	○	
デザイン・パーツの数 (E)	多い	E1	○	
	少ない	E2		
本体とボタンの色分け (F)	有	F1		
	無	F2	○	△
ボタン同士の色分け (G)	有	G1		△
	無	G2	○	
ジョグダイヤル (H)	上面に	H1	○	
	後面に	H2		
	無	H3		△
グリップ (I)	大きい	I1		
	小さい	I2		
	皺付	I3	○	
	無	I4		
メインボタン (J)	分割	J1		△
	一体	J2		
	その他	J3		

表 6.7 の抽出された認知部位をもとに、プロダクトデザインを専攻する大学院生に 3 次元 CG の立体スケッチで表現してもらったのが図 6.4 である。この CG スケッチが高級感を表現しているかを確認するには統計検定を用いる。そ

図 6.4　分析結果から高級感を表現した立体スケッチ

の方法は、このCGスケッチに対してSD法の5段階評定尺度の評価実験を行う。

そして、すでに求められていた40種類のサンプルについてSD法の評定値の平均値を求め、それとCGスケッチの5段階評定尺度の評定値との間で平均値の検定であるt検定を行った。その片側 p 値が5%以下でCGスケッチの平均値の方が高得点の場合、高級感が表現されていることになる。本事例の場合は「$p<0.05$」でスケッチの平均値の方が高得点であったことから、認知評価構造をもとにした本手法が有効であることが示された。

なお、マーケティングや人の感性的な調査の場合は、統計的検定の帰無仮説の片側「5%」は厳しすぎるという意見もあり、マーケティング分野では片側「15%」を経験則として用いている。

創造性を加味する方法

人工知能を用いた車の自動運転の大きな課題として、有名なフレーム問題が登場している。これは現実に起こりうる問題すべてに対処することはできないことを示す考え方である。つまり、想定された範囲内でしか対応できないため、完全自動運転になると想定もしないような事故が発生する可能性がある。

これと同じようなことが数学的な手法を用いた設計（デザイン）にも起きる。分析的な手法を用いてデザインしたものは、サンプル空間というフレームの中

から導き出された結果である。したがって、分析結果をそのままデザインしても創造性は加味されない。魅力的なデザインにするためにはデザイナーの創造性が必要である。

筆者が企業の研究指導をした際に、この課題に遭遇した例があった。具体的には、サンプル空間の分析結果を100％反映した試作サンプルと、70％程度反映した試作サンプル、さらに自由に3つのサンプルを制作して、消費者を対象に評価を行った結果、70％程度反映したサンプルが1位で、100％反映したサンプルが2位であった。

これは、70％程度反映した試作サンプルではデザイナーの創造性を加味する余地が多くあったため、より創造性の高い試作サンプルが制作できたと考えられる。逆に、100％の場合が2位という結果は、失敗しない堅実な方法であることを示しているともいえる。

分析的な手法は、基本的には抽象化のプロセスであるため、求められた分析結果は商品やサービスの認知評価構造を明らかにしただけである。それを具体的な製品にするためには、肉付けと呼ぶべき具体的なプロセスが必要である。そのためには、スケッチやモックアップなどのプロトタイピング思考が創造性を加味する方法として有効である。それによって多くの「気づき」がもたらされる。

なお、野口尚孝[13]は、この「気づき」は創造性に繋がると述べている。つまり、分析（理論）は山登りで言えば7合目までで、その上にあるのが創造性という峰であると考える。見方を変えると、論理で約7割の制約条件を求めて、残り3割の範囲で自由に創造性を発揮するというデザイン設計論である。

一方、表6.6に戻って考えると、「買いたい」では寄与しなかったスリム感を高級感に加味して新しい高級感を考案することが創造性に結びつくと考える。これはデザイナーが対極にあるものを組み合わせて新しさを表現する手法と同じである。

次に、表6.7に示すように、ラフ集合はマイナス（高級感がない）の場合も

大きな利点があると述べたが、デザイナーに創造性の自由度を広く与えるために、デザインの制約要件としてマイナスのコラムスコアを示す属性値だけは避けて、その他は自由にデザイナーが感性に従ってデザインするという方法も考えられる。この考え方は現場のデザイナーにラフ集合を説明した際に大変好評であった。

　さらに、デザインコンセプトを策定する際に創造性にアプローチしようとする考え方がある。デザインコンセプトを策定するひとつの方法として、図 6.5 の認知評価構造の中位にあるイメージの重視度の順位を変更したり、それらを強調したり、他から新しいイメージを追加することによって、認知評価構造を変更するという策定法である。例えば、表 6.6 に示す「買いたい」のイメージの中で、順位の低い「シンプル」を強調するデザインコンセプトや、ほとんどゼロ値で寄与していない「頑丈な」イメージを加味することなどが考えられる。ただし、それらをどのように変更するかはデザイナーの創造的な行為となる。

　ところで、ラフ集合の場合、決定ルール分析法で求められるコラムスコア以外に、組み合わせパターンも得られる。これを用いて創造性を加味する方法を筆者らは提案している。詳しくは、参考文献 [10] に譲る。

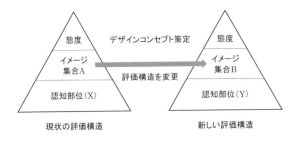

図 6.5　認知評価構造の変更によるデザインコンセプト策定

6.7 顧客満足を用いた UX デザイン

　筆者は6.5節で述べた認知評価構造を用いた感性デザインの手法だけでなく、もう一つの感性デザイン手法として、顧客満足分析を用いたユーザーエクスペリエンスの分析法（CXS：Customer Experience Satisfaction Analysis）も提案している。

　ユーザーエクスペリエンス（UX）は、それを使うことで新しいわくわくするような体験ができる製品やサービスを開発することを目指した考え方である。他方、顧客満足は顧客が期待していた以上の満足を製品やサービスから受けた場合に感じる高揚感である。この両者は似ており、親和性が高い。また、今日、両方ともマーケティングでも注目度の高い考え方である。

　前者の UX の手法は 5.4 節で説明したカスタマージャーニーマップ（商品・サービスの認知から購入までの顧客の行動、思考、感情のプロセスを図示する手法）などの定性的な分析法が中心であるが、後者の顧客満足はアンケート調査などで測定することができる。そこで、顧客満足度分析の手法の中に UX の視点を組み入れたのが CXS 分析手法である。

ユーザーエクスペリエンスの定義

　UX は、著名な認知心理学者である D・A・ノーマンが、ヒューマンインタフェースやユーザビリティよりも幅広い概念を示すために造語したのが由来とされている。その定義については諸説あるが、最も分かり易いと言われているのが、ハッセンツァール（Hassenzahl/2006）の定義である[14]。

　つまり、「UX とは、製品やサービスとインタラクションしている時の一過性で一時的な評価的感覚（良い－悪い）のことである」と定義し、製品の性質

を「実用的属性」と「感性的属性」に分けることを提案している。実用的属性とは、ある目的をいかに容易に達成するかというユーザビリティに関する属性で、感性的属性は、魅力、信頼感、満足感などのユーザーの心理に関係していると述べている。

2010年にドイツで30人の専門家を集めたワークショップが開催され、UX白書が公開された。その中で、図6.6に示すUXの期間（異なる期間において生じる内的なプロセス）を提案したことが注目すべき点である[14]。この期間を明示したことでUX研究のアプローチ方法が明示されたと考える。このように、UXには4つの期間があり、2つの属性があると分類することで、その複雑な内容がやや明確になった利点は大きい。

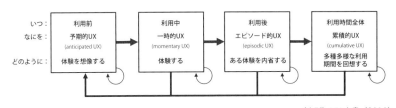

(出所) UX白書（2010）

図6.6　ユーザーエクスペリエンスの期間

CSポートフォリオ分析

UXには満足感の考え方が含まれていることから、重要度と満足度でポートフォリオを描くCSポートフォリオの考え方が適用可能である。この考え方は、顧客の重点項目を明らかにすることによって、改善が必要な部分の優先順位を付け、「重点維持項目」、「維持項目」、「改善項目」、「重点改善項目」を把握するものである。特に「重点改善分野」を中心（図6.7の対角線右側）に改善することで満足度を高めようとする。

「満足度」を縦軸に、総合評価に影響を与える強さを統計的に算出し、それ

を「重要度」として横軸にとり、各評価項目をプロットし、図 6.7 に示す改善の優先度が高い評価項目を抽出する[15]。なお、横軸と縦軸の尺度を百分率で統一するために、偏差値に変換して図示する。

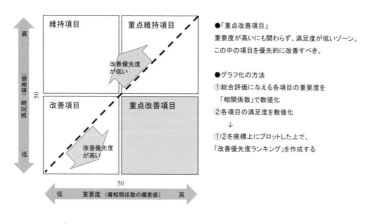

図 6.7　CS ポートフォリオ分析の概説

CXS 分析法のプロセス

まず、次項に示す女性用鞄デザインの事例では、前述の UX 白書（2010 年）の体験を想像する期間（予期的 UX）での解析方法を提案する。この期間では、ユーザーは過去の記憶と経験による推論に基づいているため、筆者らは不確実な証拠から推測される心理測定法を考案した。

分析の方法として、ハッセンツァール（2008）の UX の定義にある実用的属性と感性的属性[14]の各グループに対応する評価項目を抽出し、それと商品サンプルを用いてユーザーにアンケート調査を心理測定法を用いて行う。さらに、UX で重要な視点である満足度を高めるために、その回答結果に顧客満足の分析手法（CS 分析）を適用する。この CS 分析で実用的属性と感性的属性の実現に大きく貢献する評価用語を抽出する。そして、ラフ集合を用いて、その評

価用語から設計の知識となる具体的な認知部位（形態要素）を抽出する。この CS 分析と UX 定義の実用的属性と感性的属性を用いた手法を CXS 分析と呼ぶことにする。

　なお、この CS 分析からポートフォリオのマップ（横軸：重要度、縦軸：満足度）が求められるため、サンプルをの各製品のポジショニング分析（図 6.9 参照）も可能である。つまり、各製品の UX を高めるのに必要な評価用語が明らかになる。さらに、筆者らは UX 度の指標も提案している。

事例研究

　具体的に CXS 分析法を理解してもらうために、女性用鞄デザインの事例研究[16]で説明する。まず、大手通販サイト（アマゾン、ベルメゾンネット、ゾゾタウン）で扱われている製品の中から、類似しているものなどを削除し、最終的に 60 サンプルまで絞り込んだ。そして、ラダリング調査（学部生 5 名、大学院生 1 名、すべて女性の総計 6 名）で、認知部位と次の 13 の評価用語を抽出した。

　実用的属性として、「取り出しやすそう⇔取り出しやすそうでない」、「長持ちしそう⇔長持ちしそうでない」、「軽そう⇔軽そうでない」、「疲れなさそう⇔疲れそう」、「収納しやすそう⇔収納しやすそうでない」、「持ちやすそう⇔持ちやすそうでない」、「使いやすそう⇔使いやすそうでない」、他方、感性的属性として（反対語省略）、「好感が持てそう」、「愛着が持てそう」、「センスがよさそう」、「品質がよさそう」、「人目を引きそう」、「楽しい気分になりそう」の 13 個の形容詞である。

　なお、使用した 5 段階評定法に関して、従来の SD 法では反対語を用いているが、強い反対語であると評定の分散が偏る場合があるため、また必ずしもすべての用語に反対語があるわけでもないので、感性工学では否定語を用いている。本事例では記憶の中から推論するために、被験者が答えやすいよう、図 6.8 に示す「〜そう」という様態を示す表現を用いた。

6章 感性デザインとマーケティング

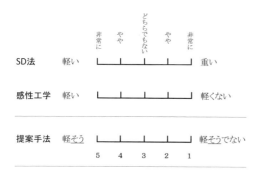

図 6.8 従来の評価用語と提案の評価用語の比較

以上の準備の後に、下記のアンケート調査を実施した。
1）実施日：2016年10月
2）被験者：37名（女性・会社員・30代、東京都・近県在住）
3）方法：5段階評定尺度法
　（ネット調査 / Trending.net）（回答者募集 / アスマーク）
4）サンプル：通販サイトから選別したサンプル写真60点
5）評価用語：上記の13個の形容詞

　アンケート調査から60サンプルと13個の形容詞の平均値のデータ行列が得られた。実用的属性では「使いやすそう」を、感性的属性では「楽しい気分になりそう」を目的変数にして、重回帰分析をした。本事例ではCS分析の横軸の重要度に重回帰分析で求められる偏相関係数を、縦軸の満足度は5段階評価の平均値を用いた。その結果をCSポートフォリオのマップに布置したのが図6.9の丸印である。なお、図中の三角印は後述するポジショニング分析の結果例である。

　図6.9に示すように、実用的属性では「持ちやすそう」が「重点改善項目」になっている。また、感性的属性では「人目を引きそう」の優先度が第1位で、

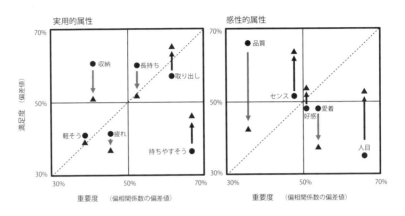

図 6.9　CXS 分析結果のポジショニング（サンプル 8 番）

「好感が持てそう」と「愛着が持てそう」も「重点改善項目」である。つまり、重要度が高いにもかかわらず満足度が他と比べて低い項目である。

　しかし、この結果が示されたとしても、各社が取りうる具体的なマーケティング戦術を示してはくれない。各社の製品ポジショニング分析を行うことでその戦術が明らかになる。たとえば、サンプル番号 8 の会社（以降、A 社）のポジショニング分析をマップ上に布置したのが、図 6.9 の中の三角印である。なお、重要度は同じで、満足度は A 社の平均値を用いて布置してある。この結果からわかるように、A 社の製品は実用的属性「持ちやすそう」は他社の平均よりも高いが、「重点改善項目」内にあるので、さらに改善が必要である。

　他方、感性的属性では優先度が第 1 位の「人目を引きそう」は比較的高い満足度であるが、「愛着が持てそう」は他社平均よりもかなり低い。この結果から、「愛着が持てそう」を最優先改善項目として、さらに「人目を引きそう」を改善する戦術が示された。その具体的な方策が、重点改善項目を決定クラス（目的変数）にして、6.5 節の手法を適用することである。その結果の一部を表 6.8 に示す。なお、表のアイテムとカテゴリーはラダリング法をも

6章 感性デザインとマーケティング

表 6.8 ラフ集合で抽出された多くの決定ルールを整理した結果

実用的属性		持ちやすそう +	持ちやすそう −	感性的属性		人目を引きそう +	人目を引きそう −
取手の長さ	長め	1.10		イメージ	丸っこい	0.86	
	短め		2.10		中間	1.03	
	中間				角々している		1.04
取手の太さ	太い		1.58	素材	柔らかそう		
	細い				中間	0.74	
	中間	0.98			硬そう		0.78
取手の数	1つ			表面処理	光沢		
	2つ	1.26			中間	1.88	
持ち方	肩掛けのみ		2.19		艶消し		1.76
	ショルダー			金具	単純な金具有り	0.86	0.85
	2WAY				装飾金具有り		0.78
金具	有り	0.75			無し		
	無し			外側ポケット	有り	1.71	
留め方	ファスナー		1.05		無し		1.17
	磁石/ボタン	1.58		取手の長さ	長め		0.72
	巾着				短め		
	無し				中間	1.03	1.43
	その他			色彩（主）	黒		1.95
内側ポケット	有り		0.79		グレー	0.34	
	無し	0.82			茶系	1.03	
外側ポケット	有り				ベージュ	0.34	
	無し		0.79		白系		
マチ	有り	1.90			赤系	0.34	
	無し		1.58		青系	0.68	
形	四角形				その他		
	逆台形	0.82		色彩（従）	黒	0.34	
	台形		1.05		グレー		0.39
	六角形				茶系		
	丸				ベージュ		
縦長・横長	縦長		2.28		青系	0.34	
	横長				その他		
	四角				無し	0.34	0.98
自立式か	自立式	0.96		色味	鮮明な		
	立てられない	0.73			落ち着いた		
素材	革				あわい		
	ナイロン						
	布						
	異素材使い						

とに抽出した。

表 6.8 から、「持ちやすそう」は、短めよりも長めの取手が持ちやすそうにプラスの評価で、太いと持ちやすそうにマイナスの評価であった。取手の数は2つの方がプラス評価で、台形よりも逆台形の方がプラス評価であった。

他方、「人目を引きそう」は、丸みを帯びた形で、やや艶のある表面で、黒以外の色彩を使った鞄のデザインがプラスの評価を与えると考えられる。表 6.8 からはその他にも設計の知識が読み取れるが、それらを製品に反映させることにより、CSX の高い製品を提供できると考える。

CXS 分析法の展開

以上のようにポジショニング分析を提案したが、図 6.6 の利用前（予期的 UX）と利用後（エピソード的 UX）を比較する方法として、このポジショニング分析の考え方を用いることができる。つまり、図 6.10 に示すように、長期の使用経験が正負に効果があるかを検証できる。

企業との共同研究で、使用開始時と長期使用のユーザーの評価についてポジショニング分析を行った結果、前述の効果が確認できた。たとえば、長期使用したら更に軽く感じた正の効果と、最初は取り出しやすかったのが長期使用していたら違っていたという負の効果が見いだされた。また、経験を積むとより

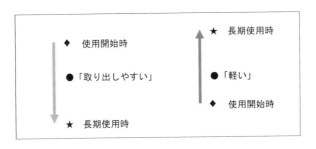

図 6.10　使用開始時と長期使用のユーザーの評価の変化

高いレベルを要求する事例に遭遇した。このように、経験によって評価が変化することをこの分析法で確認できる。

(注)　本章で紹介した手法は参考文献 [9][10][11] に詳しく解説されている。また、それらの書籍には、筆者制作のエクセルソフトの入手方法が載っている。

なお、ラフ集合、ラダリング法（評価グリッド法）、CS ポートフォリオ分析については、筆者が制作した解説動画を YouTube で視聴することができる。

7

インタフェースデザインと
マーケティング

DESIGN MARKETING TEXTBOOK

7章 インタフェースデザインとマーケティング

7.1 情報化社会のマーケティング

　アップルのパソコンは発売当時からその優れたインタフェースデザインで有名である。特にそのパソコンに採用されたGUIは当時では画期的なインタフェースであったが、残念ながらハードウェアが付いて行けず、使用していると頻繁に爆弾マークが出てフリーズした。このように最悪なものであったが、誰にでも使いやすい優れたインタフェースを実現しようというジョブズの熱意（ビジョン）に多くのユーザーが賛同した。

　技術革新によって目指す使いやすいインタフェースが実現できるようになると、アップルの製品は子供から高齢者までユーザー層が広がった。この増大するファンがビジネスとしての成功を導いた。今日では、アップルの優れたインタフェースデザインはマーケティング的にも評判が極めて高い。

　情報化社会に入りデジタルデバイドの問題が登場しはじめると、アップルの成功を参考にして、各社のデザイン部門では誰でも使いやすいインタフェースデザインの開発体制を整備しはじめた。その大きな契機がiモードに代表されるインターネット接続が可能なフィーチャーフォンである。誰もが持つようになった携帯電話のビジネスにおける成功の鍵がインタフェースデザインであることをマーケティング部門も理解した。

　図7.1に示すように、「持ちやすい」や「ボタンが押しやすい」などの物理的なインタフェースは人間工学で対応していたが、情報通信端末のインタフェースは「覚えやすい」や「理解しやすい」というように心理学的なアプローチを必要としている。この認知的なインタフェースは学術的にも研究が進んでいなかったため、デザイン部門としては試行錯誤のデザイン開発を余儀なくされた。

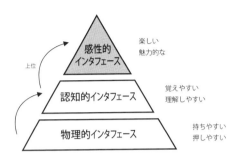

図 7.1　インタフェースの階層関係

　さらに、双方向の Web コミュニケーションである SNS の登場により、「使っていて楽しい」などの感性的なインタフェースデザインも求められるようになりつつある。今日、マーケティング的には、「誰でも使いやすい」という認知的インタフェースは基本機能で差別化要素ではなく、感性的インタフェースデザインが差別化要素として認識されてきている。それを示しているのが経験価値と関係の深いユーザーエクスペリエンスへの注目度の高さである。

　以上を踏まえて、本章では前半では「誰でも使いやすい」という認知的インタフェースについて、後半では感性的インタフェースデザインを中心にマーケティング視点から解説する。なお、詳細は、姉妹書である『インタフェースデザインの教科書』に譲る[1]。

7.2　人間の認知モデル

　認知的インタフェースを理解するためには、認知心理学がベースとなるので、

7章 インタフェースデザインとマーケティング

その基本的な知識が必要である。特に記憶に頼らない表示画面の視覚的な GUI は殆どのインタフェースデザインで採用されている。それ以外に考える必要があるのがユーザーの頭の中の認知モデルである。このモデルを理解すると、誰でも使いやすいデザインをする際に役立つ。

最も古い認知モデルは交通システムや火力発電所などの監視室のオペレータを主に対象とした「認知情報処理モデル」である。次に有名なのが、操作性実験（ユーザビリティ・テスト）でユーザーがどこの箇所で理解できないかを発見するときに利用される「ユーザー行為の7段階モデル」である。

そして、ヒューマンエラーの研究で有名になったラスムッセンの「行為の3階層モデル」がある[2]。ユーザーは、最初は操作マニュアルの知識を頭の中から引っ張り出しながら操作（知識ベース）をするが、熟練度が高くなると、規則ベースを経て、無意識的に操作（技能ベース）をするという考え方である。この技能ベースの段階でヒューマンエラーが多発する。このことから、ユーザーは操作に慣れてくるとショートカットキーやジャンプ機能などへの欲求が高くなる。マーケティング的にはこの技能ベースの操作を楽しくするデザインが重要な視点である。次にその例を示す。

技能ベースを最大限に利用したのが、iPod（携帯音楽プレーヤー）である。はじめてこの製品を購入したユーザーは、電源ボタンがなく取扱説明書などもないため、その使い方を発見するのに時間が必要である（発見する楽しみはあるが）。しかし、音楽を選んで再生するというわかりやすいメンタルモデル（後述）から、一度その使用法を理解してしまうと、その後は効率よく操作することができる。また、毎日使うものであるので、技能や規則ベースの操作性の方がユーザーには快適である。

最近、高い操作性で注目されているのが、iPhone のマルチタッチ方式のインタフェースである。その使いやすさを説明する認知モデルが「二重接面理論」である[3]。図7.2 に示すように第1接面と第2接面が近づくと身体化して使いやすくなるという理論である。マルチタッチは第1接面が第2接面とほぼ

一緒になるので、高い使いやすさが実現されたのである。

この優れたマルチタッチのインタフェースは操作デバイスを介さないので、便利であるともに、極めて分かりやすいため、今日では多くの端末に採用されている。マーケティング的には第2接面側にある操作環境のデザインを直感的なものにするかが差別化要因になる。詳しくは7.6節「直感的なインタフェースデザイン」で述べる。

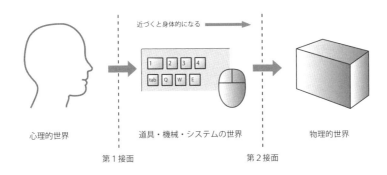

図 7.2　認知モデル（二重接面理論）

最後に、有名なメンタルモデルについて説明する。大人のユーザーはこれまで操作したものと異なるインタフェースに遭遇すると混乱してしまう。しかし、若い人たちは過去の体験が少ないので試行錯誤して使いこなしてしまう。この操作したことのある経験のモデルがメンタルモデルである。高齢者ほどこのメンタルモデルが邪魔して、操作時に立ち往生してしまう。

よく把握しているメンタルモデルをベースドメインと呼ぶ。先ほどの異なるインタフェースはターゲットドメインと呼ぶ。つまり、ユーザーは、ベースドメインである既知のメンタルモデルをターゲットドメインに上手に写像（mapping）することで、操作を理解することができる[4]。

したがって、原則的には、多くのユーザーが把握しているメンタルモデルに近いターゲットドメインのインタフェースデザインをすることが求められる。

しかし、携帯電話でメールをするなどの新しい考え方のターゲットドメインではベースドメインを簡単に写像できない。そこで、イラストなどで、封筒をポストに投函するイメージを表すなどの工夫が行われてきた。それでも難しい場合は、次に説明する手法を用いることになる。

7.3　インタフェースデザインの設計手法

　デザイン部門でインタフェースデザインを開発するには3つの段階がある。上位から順に、デザインのコンセプト策定に相当する「情報のデザイン」、コンセプトを具体的な操作仕様に落とし込む「対話のデザイン」、画面レイアウトやアイコンなどの表示要素のデザイン、音や動きなどの効果の設定を行う「表現のデザイン」である。

　この3つの段階で上位から下位に向かってインタフェースデザイン開発が行われる。マーケティングに主に関係するのは「情報のデザイン」である。余談になるが、企業での導入は最もデザインらしい下位の「表現のデザイン」からはじまった。「情報のデザイン」をデザイン部門が担当するには、ソフトウェア設計とマーケティング部門の信頼を獲得するまでに長い時間を要した。

　図7.3左端に示すマーケティングに関係する「情報のデザイン」において、まず最初の「制約」は操作行為を制限することである。ある特定の時間には利用できない選択肢を、薄く表現するかまたは隠すと、その選択肢が選ばれる可能性は効果的に制限される。さらに、メール機能のボタンを押したときに、その機能に関する選択肢しか表示されないなどの考え方である。4.4節で紹介したマーケティング的に成功を収めた誘導型インタフェースデザイン（図7.3）は、

この考え方を用いている。

　なお、これは、選択肢が多くなった時、人は決断を後回しにするという「決定回避の法則」とも関係する。これは人間の心理が重要なことを示している。また、図7.3の考え方を国際特許申請した結果、いくつかのアイデアがアップル製品のインタフェースデザインにも採用された。

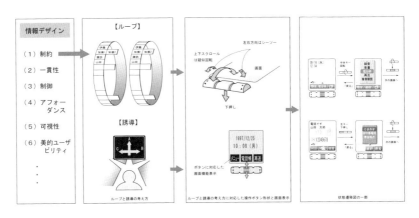

図7.3　「情報のデザイン」における「制約」の適用例である誘導概念の考え方と操作方法

　次の「一貫性」がインタフェースデザインに必須であることは説明不要であろう。新旧の製品間や関連する製品群でも表示や操作の「一貫性」は求められるため、デザインマーケティング戦略にも関係してくる。もし変更する場合は、より優れたものでなくてはならない。そして、「制御」とは、ユーザーの技能と経験のレベルに合わせて異なるインタフェースデザインにすることである。前節で述べたラスムッセンの認知モデルと関係する。今後は音声インタフェースと組み合わせることで解決する可能性もある。

　「アフォーダンス」とは、例えば、ラジオの丸いボリュームがあれば、それを回せば音が変化すると想像されるように、製品の形態が使い方を示唆する性質である。これは、7.5節の「見た感じ使いやすそうなデザイン」と関係する

ように、マーケティング的にも重要である。

　そして、関連して重要なものが「可視性」と「フィードバック」である。道具に対して何らかの操作を行う場合、操作に関係する部分が目に見えるようにすること（可視性）と、ある行為の結果を直ちに明らかにすること（フィードバック）が重要になる。徹底した「可視性」と「フィードバック」は理解しやすさに繋がり、宣伝用のデモ展示における訴求効果も高い。

　もうひとつ、可視性と関係するものとして「美的ユーザビリティ効果」がある。これは、「デザインの美しいものは、美しくないものよりも使いやすいと認知される」という考え方である。そのためデザインの美しいインタフェースが求められるのであるが、機能的に同等であれば、もっとも単純なものを選ぶべきであるという「オッカムの剃刀」の原則が示すように、「明快で簡潔」なデザインが求められる。

　これはアップルのデザインの原則を示しているようなルールである。「美的ユーザビリティ効果」が示すように、エンジニアとデザイナーのインタフェースデザインの相違は歴然である。今日では、デザイナーが関与しないインタフェースデザインは稀である。

　以上はあくまでも「情報のデザイン」の代表的なデザインルールの一部である。実際の製品のインタフェースデザインのコンセプトは、個々の製品やシステムの内容に応じて策定する必要がある。その際に参考になるのが、インタフェースのマクロ環境である技術動向である（図7.4右側）。なお、「対話のデザイン」と「表現のデザイン」のデザインルールについては参考文献 [5] に譲る。

　現在は、音声インタフェースも導入され、マルチモーダルインタフェースの時代になっている。また、ソフトウェアをインターネット経由で利用するSaaSの環境が普及してきている。Web3.0の時代が迫ってきていることも考えると、次の段階の知的なインタフェースの提案もはじまるであろう。

　ユーザビリティ工学を提唱したニールセンは、図7.4に示すようにユーザビリティには上位概念としてユースフルネス（使い勝手）があるとし、そして並

列の関係にユーティリティ（有用性）を置いている[6]。さらに、楽しいと使いやすくなることから、筆者と酒井正幸らはエンターテイメントを追加している[7]。

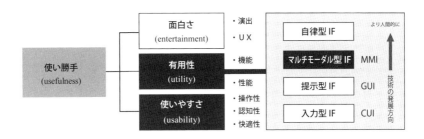

図7.4　使い勝手の構成要素と技術の発展方向

　ユーティリティは技術と関係している。たとえば、高齢者向けの製品に音声認識の機能が付くと使い勝手が格段に良くなることなどから理解できる。有名なマルチタッチ入力方式もユーティリティである。このように、新しい機能を効果的に取り入れることがマーケティングでの差別化になる。

　次に、考案されたインタフェースデザインが、ターゲットユーザーに問題なく使用してもらえるかの確認や問題点を明らかにする方法がユーザビリティ評価である。新しい提案箇所などのプロトタイプを開発の初期段階で制作し、評価実験を行う。この動作するプロトタイプは迅速に制作する必要がある。

　その一つの手段として、筆者らが提案するパワーポイントを用いた制作法（表示画面遷移タイプ）が推奨される[8]。また、組み込み型の製品の場合は、筆者が研究支援しているHOTMOCK（ホロンクリエイト）も、Gマークを受賞するなど、簡単迅速に制作できると評価は高い[9]。優れた改善指針を提案するためにも、このプロトタイピングによる評価は重要である。なお、上記のパワーポイント法とHOTMOCKの詳細はYouTube動画（「井上勝雄、パワーポイント」、「HOTMOCK」で検索）に譲る。

7.4 感情とコンテンツ型インタフェース

　これまで述べてきたのは、誰でも使いやすいインタフェースは、ユーザーの認知心理的な過程を反映したデザインによって実現するという考え方が基になっている。したがって、内部に問題があればそれを改善すればいいという立場である。この考え方を「実体的アプローチ」と呼んでいる。

　この実体的アプローチでは、人間の認知過程の仕組みを解明することのみが注目され、状況や感情が認知に与える影響は無視されてきた。しかし、その必要性が、高齢者が携帯電話を使えるかどうかの実験でわかってきた。可愛い孫の大学生が毎日電話してくれるので高齢者が一生懸命携帯電話を使おうとした結果、大きな問題もなく使えるようになった。

　この事例から、道具の使いやすさには、人間の状況や感情が関係していることが判明した。これは「状況的アプローチ」と呼ばれている。つまり、多少インタフェースデザインが悪くても、使いたいという強い感情（興味）があれば使えるようになる。

　筆者が関わった農業情報システムの開発でも、状況的アプローチに近い例に遭遇した。このシステムは、農産物に貼ったバーコードをタブレット端末で読み取ると、生産者や農産物の情報、おすすめ料理のレシピなど様々な情報が提供される販売支援システムである。デザイン的にもわかりやすいインタフェースであったが、消費者へのアンケート調査では便利でいいと好評であったにも関わらず、利用率は低かった。

　利用者が検索したものは野菜に関する情報や料理レシピでなく、生産者の情報が多かった。これは、便利だとかあったらいいなというようなコンテンツでは端末を利用してもらえないことを示唆している。消費者が本当に欲しいと感じる情報でないと利用してもらえないのである。コンテンツ型のインタフェー

スデザインの大きな課題である。

　また、カーナビメーカーのユピテルは使用頻度の低いコンテンツを搭載しないことで、低価格帯で販売するマーケティング戦略を採用している。一方で、独自に集めた交通違反取締り情報などのユーザーの欲しがるコンテンツを搭載することで、大手を退けて市販品では業界１位の売り上げとなっている。

　コンテンツ型インタフェースデザインの情報端末が多くなってきているので、マーケティング視点からも、インタフェースの使いやすさだけでなく、コンテンツの魅力にも留意した企画が求められる。

7.5　見た感じ使いやすそうなデザイン

　見た感じ使いやすそうなイメージの製品デザインやインタフェースデザインは、ユーザーが使ってみたいと思う強い動機づけにもなる。説明するまでもないが、見た感じいかにも使いにくそうなものは、購入して使ってみようという感情が起こらない。これは前節で述べた状況的アプローチとも関連する。そのため、この視覚的な使いやすさ感は、マーケティング視点からも商品購入を促す重要な要因となっている。アップル社の製品もこの視覚的な使いやすさ感を上手に取り入れている。

　今日、インターネットで商品を購入することが一般的になり、サイトの製品カタログでの視覚的な印象で判断して購入する傾向が増えている。しかし、実際の使いやすさの研究は進んでいるが、視覚的な使いやすさ感についてはほとんどみられない。

　そこで、筆者らは、プリンターや携帯音楽プレーヤー、家電製品、AV 機器、

携帯電話など製品本体だけでなく、その製品に付随するリモコンについても視覚的な使いやすさ感を研究している[10][11]。その際に、視覚的な使いやすさ感だけでなく、実際の使いやすさもあわせて調査・実験を行ってきた。それらの結果から、10の原則を導き出した[12]。その原則ついて一部説明する。

まず、分類項目である製品本体の「①シンプルなデザイン」という原則は、アップルのミニマムデザインが使いやすさを表現していると高く評価されている実例からも理解できる。しかし、この原則は必ずしも実際の使いやすさに結びつかない。「②見慣れたデザイン」は、認知心理学的にも理解できる原則であるが、実際の使いやすさとの関係性は低い。

「③まとまり感のあるデザイン」は、ゲシュタルト心理学からも支持される。「④操作方法をイメージできるデザイン」は、多機能になると操作に関するデザイン要素が増大するため、その製品の本来の機能を使用する操作行動が一瞬でイメージできるデザインが求められるという原則である。

次の分類項目であるリモコンでは「⑤文字、ボタン、表示画面、本体を大きく」と「⑥シンプルな凹凸の独立ボタン」、さらに「⑦メリハリのあるボタンデザイン」は、ゲシュタルト心理学の類同の要因と関係してくる原則である。このメリハリには大きさ、形状、色彩の3種類がある。次の「⑧用語のデザイン」の便利機能内容（例：エアコンの「エコ機能」「静音運動」など）が視覚的使いやすさ感を助長する。

最後の分類項目である機能では「⑨単機能な製品では本来機能を表現するデザイン」は、必ずしも実際の使いやすさに直結しないが、ヘアドライヤーなどの単機能の製品では髪がすぐに乾きそうなデザインが求められる。10番目の原則「機動性重視の製品では機動性をかたちに」は、例えば携帯端末では、薄型や小型は持ちやすさに直接訴求する要素となるので、それらを表現するデザインだけでなく、技術的にもより薄い製品開発が進められている。

以上の原則の内容からもわかるように、情報通信端末などの画面遷移のある表示画面に関する視覚的な使いやすさ感についての原則がほとんどない。これ

に対応するのが次の直感的に操作できるインタフェースデザインである。

7.6　直感的なインタフェースデザイン

　直感的なインタフェースデザインを解明するために、まず、見やすさ、分かりやすさ、使いやすさの３つの要因を考え、さらに、記憶に関する心理学の「体制化の法則」（群化、まとまりの法則）を拡張した考え方が適用できるのではないかと考えた。

　体制化について、心理学では「人間の記憶容量には限界があり、表象として貯蔵できる形に変換する必要がある」「覚えたい内容を何らかの基準で整理し、全体を組織化すること」と述べている[13]。この体制化を、見やすさを指向する「形態の体制化」、分かりやすさを指向する「意味の体制化」、および使いやすさを指向する「行為の体制化」の３つに分けて仮説・定義した[14]。

　この仮説を確認するために著者らの行ったアンケート調査の結果、「直感的インタフェースに必要な項目」のほとんどが「使いやすいインタフェースに必要項目」に内包された[15]。したがって、直感的インタフェースは使いやすいインタフェースとなる。逆に、使いやすいインタフェースは必ずしも直感的インタフェースではない。

　使いやすいインタフェースとして多数の回答があった項目を３つの体制化の視点で分類すると、「見た目がシンプル」「視覚的に見やすい」などは形態の体制化の要因である。「分かりやすい表示」「理解しやすい」などは意味の体制化の要因である。「操作がシンプル」「覚える操作が少ない」などは行為の体制化の要因である。

直感的インタフェース独自の項目として多数の回答があったものをあげると、「アイコンや画像の利用」は形態の体制化および意味の体制化の要因であり、「タッチパネル」は行為の体制化の要因である。意味の体制化の要因は少なかった。また、直感的なインタフェースとしては、「形態や操作のシンプルさ」「時間処理が早い」「処理項目が少ない」もあった。

　それまでの番組予約の超難解さを一気に解決したEPG（電子番組表）のレイアウトは、新聞の番組表のメタファを利用していて「親近性」が高く、直感的操作になっている。少し前のApple社のアプリのアイコンやコンテンツは、質感や特徴などに現実世界のモチーフを模倣したスキューアモルフィックデザイン（Skeuomorphic Design）を採用していた。iPhoneの「ボイスメモ」は、そのデザインを見た瞬間、機能と使い方をすぐに理解できる。

　アンケート調査結果で、「直感的インタフェースに必要な項目は」という質問に対して圧倒的に多かった回答は、認知心理学の二重接面理論で説明した「タッチパネル」であった[16]。これは接面の身体化であり、最近普及が進むジェスチャー認識や音声対話システムといった人間の五感や人間が自然に行う動作によって操作するナチュラルユーザインタフェース（NUI）とも関係する。

表7.1　直感的なインタフェースデザインの10原則

分　類	原　則
表示を単純化	（1）表示の強調と抑制 （2）見た目にシンプル
操作を単純化	（3）身体動作を利用した操作 （4）操作の自動化
操作をイメージできる	（5）視覚的メタファの利用 （6）操作のメタファの利用
ユーザーにIFを意識させない	（7）表示と操作を対応付けるマッピング （8）直接操作の利用 （9）リアルで即時的なフィードバック （10）表示や操作の一貫性

以上の結果を踏まえて、直感的なインタフェースデザインの10原則（表7.1）を作成した。

なお、「見た感じ使いやすそうなデザインの10原則」と「直感的なインタフェースデザインの10原則」については、筆者が制作した解説動画をYouTubeで視聴することができる。

7.7　使いたくなるインタフェースデザイン

直感的なインタフェースデザインは、視覚的な使いやすさという視点から生まれたアプローチであるが、それだけではなく楽しい、使いたくなるという操作に関する感情にも直感的なインタフェースを含んでいることが前述の調査で示された。

10原則では上げることのできなかった、その楽しさをより追求したインタフェースとして、使いたくなるインタフェースデザインがあるのではないかと

表7.2　使いたくなるインタフェースデザインの種類と特性

インタフェースの種類	特性
1. インタフェース自身に起因	(1) 操作自体が楽しい (2) 未来的 (3) 五感に訴える
2. ユーザーの内面に起因	(1) 発見がある (2) 学習する (3) 心にフィットする
3. 社会的構成員との関係に起因	(1) 自慢したくなる (2) ゲームの要素がある

筆者らは考えた。そこで、その特性について、筆者らのデルファイ法を用いた調査結果[17]から、表7.2に示す8つの特性が求められた。

使いたくなるインタフェースを考えるとき、それを構成する要素が、従来のユーザーと製品との関係から、ユーザーの内面や社会を構成するメンバーにまで広がっていることがわかった。ここから、表7.2に示すように、8つの特性を3つのグループに分類した。

これらのグループは、実体的アプローチといえる「①インタフェース自身に起因」と、「②ユーザーの内面に起因」とSNSなどでみられる「③社会的構成員との関係に起因」の状況的アプローチに大別される。なお、直感的インタフェースと使いたくなるインタフェースのデザインについての詳細は姉妹書[1]に譲る。

以上のように、マーケティング戦略的に注目される感性的なインタフェースデザインは、認知心理学を中心とした認知的なインタフェースデザインをベースに、感情的な要素を考慮した直感的で使いたくなるインタフェースデザインを加味したものであることがわかってきた。

一方、ゲームクリエイターである齋藤明宏がゲームのノウハウを初めて体系化した「ゲームニクス理論」[18]も異なるアプローチから感性的なインタフェースデザインを論議している。その4原則の中に「(1) 使いやすさを追求した直感的なユーザーインタフェース」を挙げている。また、彼はゲームニクス理論を「もてなしの文化」であるべきとも述べている。

また、UXや体験設計も感性的なインタフェースデザインへの異なるアプローチである。このように感性的なインタフェースデザインは進行形の考え方である。今後、マーケティング戦略にも取り入れられて発展していくであろう。

付録

5.2節で紹介した因子分析の散布図(図5.2)の水筒デザインのプロダクトマップは、(株)ホロンクリエイトのホームページ（図1）のデザイン支援の中にある「Trending.net」のプログラムを用いて作成した。6.7節で解説したCXS分析は「Trending.net」のプログラムリストに入っている。

5.6節で紹介した筆者らが開発している簡易MROCは、図1右側の「iOrganizer」である。7.3節で解説した組み込み型のプロトタイプ制作用ツールであるHOTMOCKの詳細と説明用のYouTube動画は、図1の中にある「HOTMOCK」のリンク先にある。

6.4節で解説したラフ集合関係のソフトウェアは、図1の下側にある「プログラムダウンロード・書籍のご紹介」から入手できる。そして、7.3節で解説したパワーポイントを用いたプロトタイプ制作の関係資料へのリンクがある。

図1　ホロンクリエイトのホームページ（http://www.hol-on.co.jp/）

参考文献

1 章

[1] P. Kotler, K. L. Keller（著），恩藏（監），月谷（訳）：コトラー＆ケラーのマーケティング・マネジメント 第12版，丸善出版，2014

[2] 嶋口充, 石井淳蔵：現代マーケティング［新版］, 有斐閣, pp.4-7, 1995

[3] 井上勝雄編：デザインと感性（感性工学シリーズ），海文堂出版，pp.75-100, 2005

[4] P. Kotler, 他2（著），恩藏，藤井（訳）：コトラーのマーケティング3.0〜ソーシャル・メディア時代の新法則〜，朝日新聞出版，2010

[5] "SPIRIT×DESIGN" のサイト
https://www.asahi-kasei.co.jp/hebel/spirit_design/study/vol5.html

2 章

[1] 飯岡正麻、白石和也（編）：デザイン概論, ダヴィッド社, pp.71-76, 1996

[2] レイモンド・ローウィ（著），藤山愛一郎（訳）：口紅から機関車まで〜インダストリアルデザイナーの個人的記録〜，鹿島出版会，1981

[3] 岩田彩子, 宮崎清：異文化としてのインダストリアルデザインとの出会い〜 1950年代のJIDA 機関誌にみる JIDA の取組み，〜デザイン学研究 Vol.56, No.3, pp.11-20, 2009

[4] 松下製小型ラジオの戦後史（1948-60）
http://www.japanradiomuseum.jp/smallradio.html

[5] 「GOOD DESIGN AWARD」のサイト：https://www.g-mark.org/about/

[6] 鈴木公明：イノベーションを実現するデザイン戦略の教科書，秀和システム，2013

[7] 瀬木慎一：日宣美20年, 日宣美20年刊行委員会・日宣美解散委員会, 1971

[8] 日経 XTEC 【最期の教え】黒木靖夫氏・ウォークマン流ブランド構築術」のサイト
https://tech.nikkeibp.co.jp/dm/article/COLUMN/20070920/139436/?P=1

[9] M. F. Ashby（著），金子純一, 大塚正久（訳）：機械設計のための材料選定, 内田老鶴圃, 1997

3 章

[1] ウォルター・アイザックソン（著），井口耕二（訳），スティーブ・ジョブズ II，講談社，2011

[2] ピーター・ドラッカー：現代の経営〈上〉，ダイヤモンド社，1965

[3] セオドア・レビット（著），有賀裕子（訳）：T. レビット マーケティング論, ダイヤモンド社, 2007

[4] W・チャン・キム, レネ・モボルニュ（著），有賀裕子（訳）：ブルー・オーシャン戦略，ランダムハウス講談社，2005

[5] Panasonic / Hands-on Innovation./ History (1980's)
https://panasonic.co.jp/design/about-us/history/1980/

[6] ジェフリー・ムーア（著）, 川又政治（訳）：キャズム Ver.2 増補改訂版 新商品をブレイクさせる「超」マーケティング理論, 翔泳社, 2014

[7] コトラー, 他2名, 恩藏直人（訳）：コトラーのマーケティング思考法, 東洋経済新報社, 2004

[8] 前田育男：デザインが日本を変える～日本人の美意識を取り戻す～, 光文社新書, 2018

[9] 「絶望から奇跡の完全復活」, Business Journal, 2016
http://biz-journal.jp/2016/07/post_15876.html

[10] 長町三生：感性工学―感性をデザインに活かすテクノロジー, 海文堂出版, 1989

[11] 黒木靖夫, 仲森智博：特集「実戦的ブランド論」,『日経ビズテック』2004年10月15日号

[12] 黒木靖夫：ウォークマンかく戦えり, ちくま文庫, 1990

4 章

[1] 内閣府：国民生活に関する世論調査, 平成26年6月調査

[2] ユニバーサルデザイン研究会編：ユニバーサルデザイン～超高齢時代に向けたモノづくり～, 日本工業出版, 2003

[3] キッズデザイン受賞作品検索（受賞番号 090017：蒸気レス IH ジャー炊飯器）
http://www.kidsdesignaward.jp/search/detail_090017

[4] ウィキペディア：「無印良品」

[5] 「無印良品」のホームページ：特集「無印良品のデザインは, 質と美しさを持った普通を探り当てる作業」https://ryohin-keikaku.jp/csr/interview/003.html

[6] 鈴木大拙著・上田閑照編：東洋的な見方, 岩波文庫, 1997

[7] 前田育夫：デザインが日本を変える～日本人の美意識を取り戻す～, 光文社新書, 2018

[8] Ogilvy, J. A. : The Experience Industry, SRI International Business Intelligence Program, Report No.724, 1985

[9] B・J・パイン II, J・H・ギルモア（著）, 岡本, 小高(訳)：[新訳] 経験経済, ダイヤモンド社, 2005

[10] バーンド・H・シュミット（著）, 嶋村, 広瀬（訳）：経験価値マーケティング, ダイヤモンド社, 2000

[11] R・F・ラッシュ, S・L・バーゴ（著）, 井上崇通（訳）：サービス・ドミナント・ロジックの発想と応用, 同文舘出版, 2016

[12] 山本尚利：感性価値マネジメント～アップル社の事例研究～, 早稲田国際経営研究 No.45, pp.17-28, 2014

[13] 週刊アスキーの「キュアライン」のネット記事（2017年10月03日）
https://weekly.ascii.jp/elem/000/000/405/405227/

[14] NIKKEI DESIGN【特集】イノベーションはこう起こす！～事例に学ぶデザイン・シンキング～, 2014年5月号

[15] ティム・ブラウン（著）, 千葉敏生（訳）：デザイン思考が世界を変える, 早川書房, 2014

[16] 山口周：世界のエリートはなぜ「美意識」を鍛えるのか？〜経営における「アート」と「サイエンス」〜, 光文社新書, 2017

[17] 延岡健太郎：価値づくり経営の論理〜日本製造業の生きる道〜, 日本経済新聞出版社, 2011

[18] ロベルト・ベルガンティ(著), 佐藤, 岩谷 (訳)：デザイン・ドリブン・イノベーション, 同友館, 2012

[19] 川西裕幸, 潮田浩, 栗山進：UX デザイン入門〜ソフトウェア & サービスのユーザーエクスペリエンスを実現するプロセスと手法〜, 日経 BP 社, 2012

[20] 安藤昌也：UX デザインの教科書, 丸善出版, 2016

[21] 山崎和彦, 他：人間中心設計入門, 近代科学社, 2016

[22] 経済産業省：感性価値創造イニシアティブ
http://www.meti.go.jp/policy/mono_info_service/mono/creative/kansei.html

[23] 長町三生：感性工学, 海文堂出版, 1989

[24] 井上勝雄：感性デザイン, NTS 出版, 2018

[25] 「キリン 午後の紅茶」2018年6月12日（火）リニューアル発売
https://www.kirin.co.jp/company/news/2018/0524_02.html

[26] 山崎, 上田, 高橋, 早川, 郷, 柳田：エクスペリエンス・ビジョン〜ユーザーを見つめてうれしい体験を企画するビジョン提案型デザイン手法〜, 丸善出版, 2012

[27] CXDS のサイト　https://www.cxds.jp/

[28] 第3回高度デザイン人材育成研究会・資料のサイト
https://www.meti.go.jp/shingikai/economy/kodo_design/pdf/003_02_00.pdf

5 章

[1] 朝野熙彦編：マーケティング・リサーチ入門, 東京図書, 2018

[2] 久瑠あさ美：ジョハリの窓〜人間関係がよくなる心の法則〜, 朝日出版社, 2012

[3] グロービス(著)：[実況]マーケティング教室 (グロービス MBA 集中講義), PHP 研究所, 2013

[4] ジェラルド・ザルトマン(著), 藤川, 阿久津(訳)：心脳マーケティング, ダイヤモンド社, 2005

[5] 石井淳蔵：ビジネス・インサイト, 岩波新書, 2009

[6] 梅津順江：心理マーケティングの基本, 日本実業出版社, 2015

[7] 博報堂行動デザイン研究所　http://activation-design.jp/

[8] 博報堂行動デザイン研究所 (著), 國田圭作 (著)：人を動かすマーケティングの新戦略「行動デザイン」の教科書, すばる舎, 2016

[9] (ボクシルマガジン)ジョブ理論とは　https://boxil.jp/mag/a3584/

[10] クリステンセン, ホール, ディロン, ダンカン (著), 依田 (訳)：ジョブ理論, ハーパーコリンズ・ジャパン, 2017

[11] クリステンセン (著), 玉田 (監), 伊豆原 (訳)：イノベーションのジレンマ (増補改訂版), 翔泳社, 2011

[12] 深層心理を理解するラダリング法　https://key-performance.jp/blog/laddering/

[13] 採寸の手間から解放！測った数値を瞬時にスマホへ IoT メジャー「hakaruno」
https://www.makuake.com/project/hakaruno/
[14] 計測したデータを電子化する FUJITSU Smart Device IoT メジャーとアプリ
http://www.fujitsu.com/jp/group/fcl/resources/news/press-releases/2018/20180206.html
[15] 菊池健司：トレンドを知るためのビジネス情報収集手法〜情報プロフェッショナルが磨い
ておきたい選択眼とは〜, 情報管理59巻1号, 2016
[16] 小阪裕司：「買いたい！」のスイッチを押す方法, 角川書店, 2009

6 章

[1] Osgood, C. E., Sugi, G. J. & Tannenbaum, P. H. : *The measurement of meaning*, University
of Illinois Press, Urbana, 1957
[2] Kelly, G. A. : The Psychology of Personal Constructs, Oxford, England, Norton & Co., 1955
[3] 日本建築学会編：環境心理調査手法入門, 技法堂出版, pp.13, 2000
[4] 森典彦：デザインの工学, 朝倉書店, pp.72-73, 1991
[5] 井上勝雄, 広川美津雄：認知部位と評価用語の関係分析, 感性工学研究論文集, Vol.1,
No.2, pp.13-20, 2000
[6] Pawlak, Z. : Rough sets, International Journal of Information Computer Science, Vol.11,
No.5, pp.341-356, 1982
[7] Ziarko, W. : Variable Precision Rough Set Model, Journal of Computer and System Science,
Vol. 46, pp. 39-59, 1993
[8] 工藤康生, 村井哲也：可変精度ラフ集合モデルにおける簡便な縮約計算手法, 第23回ファ
ジィシステムシンポジウム講演論文集, TD1-3, pp.484-486, 2011
[9] 田中英夫, 井上勝雄, 他2名：区間分析による評価と決定, 海文堂出版, 2011
[10] 井上勝雄編：ラフ集合の感性工学への応用, 海文堂出版, pp.171-188, 2010
[11] 森典彦, 田中英夫, 井上勝雄編：ラフ集合と感性, 海文堂出版, pp.79-104, 2004
[12] 関口彰, 井上勝雄, 上中田歩：可変精度ラフ集合を用いたデザイン評価手法の提案, 日本感
性工学会研究論文集, Vol.9, No.4, pp.675-685, 2010
[13] 野口尚孝, 井上勝雄：モノづくりの創造性, 海文堂出版, 2014
[14] 山崎和彦, 他：人間中心設計入門, 近代科学社, 2016
[15] 菅民郎：Excel で学ぶ多変量解析入門, オーム社, 2015
[16] 井上勝雄, 杉山裕香：CS分析を応用したユーザーエクスペリエンス分析法の提案, 日本知
能情報ファジィ学会・ワークショップ熊本, 2017

7 章

[1] 井上勝雄：インタフェースデザインの教科書, 丸善出版, 2013

[2] Rasmussen, J. : Skills, rules, knowledge; signals, signs, and symbols, and other distinctions in human performance models. IEEE Transactions on Systems, Man and Cybernetics, 13, pp.257-266, 1983

[3] 佐伯胖：機会と人間の情報処理―認知工学序説, 竹内啓編：意味と情報, 東京大学出版会, 1988

[4] 山岡俊樹, 土井俊央：メンタルモデルに基づくデザイン作成ガイドライン案, 第7回日本感性工学会春季大会講演集, pp.109-111, 2012

[5] W. Lidwell, K. Holden, J. Butler : Design Rule Index［第2版］― デザイン, 新・25+100の法則, ビー・エヌ・エヌ新社, 2010

[6] Nielsen, J. "Usability Engineering", Academic Press (1993), ユーザビリティエンジニアリング原論 ［第二版］ 〜ユーザーのためのインタフェースデザイン〜, 東京電機大学出版局, 2002

[7] 三菱電機デザイン研究所編：こんなデザインが使いやすさを生む, 工業調査会, 2001

[8] 井上勝雄編：PowerPoint によるインタフェースデザイン開発, 工業調査会, 2009

[9] 株式会社ホロンクリエイトのサイト　http://www.hol-on.co.jp/

[10] 酒井正幸, 井上勝雄, 　益田孟：ラフ集合を用いた家電製品の視覚的な使いやすさ感の調査分析, 日本感性工学会論文誌, 第9巻1号, pp.61-67 (2009)

[11] 酒井祐輔, 井上勝雄, 加島智子, 酒井正幸：区間分析を用いた製品の視覚的使いやすさ感, デザイン学研究, 59巻5号, pp.61-68, 2013

[12] 井上勝雄, 広川美津雄, 酒井正幸：製品の視覚的な使いやすさ感のガイドライン化, 第7回日本感性工学会春季大会講演集, pp.SI-06 (CD-ROM), 2012

[13] 太田信夫：記憶の心理学, 放送大学教育振興会, 2008

[14] 広川美津雄, 井上勝雄, 加島智子：直感的なインタフェースデザインの設計論の試み, 第8回日本感性工学会春季大会講演集, pp.5-2 (CD-ROM), 2013

[15] 井上勝雄, 広川美津雄, 加島智子：直感的なインタフェースデザインの調査分析, 第8回日本感性工学会春季大会講演集, pp.5-1 (CD-ROM), 2013

[16] 山下千成美, 井上勝雄, 広川美津雄：直感的なインタフェースデザインの一考察, 第6回日本感性工学会春季大会講演集, pp.12E-09 (CD-ROM), 2011

[17] 広川美津雄, 井上勝雄：使いたくなるインタフェースデザインの設計論の試み, 第14回日本感性工学会大会講演集, pp.B6-05 (CD-ROM), 2012

[18] サイトウアキヒロ：ゲームニクスとは何か, 幻冬舎, 2007

索 引

欧文

Being の消費社会モデル	168
CRM	7, 116, 121
CS ポートフォリオ分析	198
Ethnography	154
Futura	22
GDL	119
GK インダストリアルデザイン研究所	43
GM	30
Goods Dominant Logic	119
iTunes	113
JIDA	39
MAYA 段階	36
Most Advanced Yet Acceptable	36
MROC	164
NUI	218
PB 商品	104
Recurring	121
SD 法	174
SDL	119
Seeing is Selling（見てくれが良ければ売れる）	33
Semantic Differential 法	174
Services Dominant Logic	119
Skeuomorphic Design	218
STP	13
STP 分析	34, 142
SWOT 分析	111
TQM	82

あ

アイデアスケッチ	88
アイブ（ジョナサン・アイブ）	25
アクティビティシナリオ	134
新しい価値に対応したデザイン	113
新しいコンセプトには新しいデザイン	89
アーツ・アンド・クラフツ運動	21
アフォーダンス	211
アールデコ	21
アールヌーボー	21

い

意匠設計	48
一貫性	211
イノベーション	64, 74, 128
イノベーター理論	63
意味的価値	128
意味の体制化	217
イメージ	178
イメージマップ	144
インサイト	128, 151
印象派	17
インタフェースデザイン	28

インタラクションシナリオ	134
インハウスデザイナー（企業内のデザイナー）	54

う

ウォークマン	87
ウォンツ	28

え

榮久庵憲司	44
エスノグラフィー	27, 154
エムロック	164
エモーショナル・マーケティング	13
エンジニアリング主導	84

お

オブザベーション	153
音楽ダウンロードサイト	113
音声ガイド	102
オンラインコミュニティリサーチ	164

か

可視性	212
カスタマージャーニーマップ	153
仮説検証	127
仮説実証主義	28
仮説実証的な方法	141
勝見勝	45
カドケシ	100
カメラジャーナル	153

カラーバリエーション	32
関係性パラダイム	10
関係性マーケティング	10
感じ良いくらし	105
感性価値	11
感性工学	14, 78, 131
感性消費	14
感性商品	14
感性的属性	197
感性的なインタフェースデザイン	207
感性デザイン	14
感性人間工学	109
感性のゾーン（集中状態）	108
感性マーケティング	14

き

期間限定	70
機器の没個性化	90
企業の目的は、顧客の創造である	83
技術的実現性	126
気づき	88, 194
キッズデザイン賞	103
機能主義デザイン	24
機能的価値	128
客体性の優遇	23
キャズム理論	64, 67
キュビスム	17
共創	100, 164
競争地位戦略	65
共用品	98

金銭コスト	156	行為の3階層モデル	208
		行為の体制化	217
く		交換	9
グッズ・ドミナント・ロジック	119	交換パラダイム	9
グッドデザイン賞	42	後期印象派	17
グッドデザイン商品選定制度	40	工芸ニュース	37
区別化	58	構成主義	18
クラウドファンディング	167	構造設計	48
グラフィックデザイン	2, 46	行動観察	153
グループダイナミックス理論	166	行動経済学	152
黒木靖夫	48	行動デザイン	155
グローピウス	23	行動マッピング	153
		行動誘発装置	157
け		合理的で経済的なデザイン	35
経験価値	11	高齢社会	102
経験価値マーケティング	13	顧客維持の重要性	116
経験経済	118	顧客価値	128
経験産業論	118	顧客管理	14
経済的実現性	126	顧客志向	55
芸術の分析と総合	17	顧客志向のデザインマーケティング	15
継続的イノベーション	128	顧客は自分自身の欲求を知らない	
形態の体制化	217		123
形態は機能に従う（form follows function)	24	顧客満足	116
		顧客満足度	130
軽薄短小	74	顧客ロイヤルティ	116, 130
健常者	102	小杉二郎	38
幻想絵画	19	魂動デザイン	76, 107
		コトラー（フィリップ・コトラー）	12
こ		コトラーの3層モデル	80
小池新二	41	コモディティ化	12, 94

コラージュ	144	写実主義	17
コルビュジエ（ル・コルビュジエ）	24	写真機の登場	17
コンテンツ	112	シャドーイング	153
コンテンツビジネス	112	主体性の優遇	23
		受容性調査	144
さ		受容性評価	167
ザイアンス効果	78	シュールレアリスム	19
サヴォア邸	24	純粋主義	20
サービス・ドミナント・ロジック	119	生涯価値	86
差別化	58	商業主義のデザイン	26, 31
サリヴァン（ルイス・サリヴァン）	24	状況的アプローチ	214
三種の神器	54	情緒的な価値	33
サンセリフ	22	消費者の心理	86
三方よし	122	商品企画	48
参与観察	154	情報のデザイン	210
		ジョハリの窓	146
し		ジョブズ（スティーブ・ジョブズ）	55
時間コスト	156	ジョブ理論	157
刺激−反応パラダイム	8	ジレット・モデル	121
自己実現のマーケティング	14	新造形主義	18
市場細分化の理論	4	深層心理学	19
市場創造	28	深層欲求	151
シーズ	55	心理測定法	174
自制された欲望	106	心理リアクタンス	70
実体的アプローチ	214	心理量	131
実用的属性	197		
資本の論理	105	**す**	
Gマーク制度	40, 41	衰退期	74
Gマークロングライフ賞	122	垂直思考のマーケティング	73
弱視者	102	水平思考のマーケティング	74

数量限定	70	**そ**	
スキューアモルフィックデザイン	218	操作仕様書	110
スケルトンデザイン	84	創造性	194
スタイリング	33	創造性を加味	132
スタイリングデザイン	30	ソーシャル・マーケティング	96
ステータス意識	32		
頭脳コスト	156	**た**	
スノッブ効果	68	体験設計	134
		体験設計支援コンソーシアム	136
せ		大量生産方式	30
正解のコモディティ化	127	対話のデザイン	210
生活提案	92	匠の精神	109
生活美学	106	ターゲッティング	143
制御	211	ターゲットドメイン	209
成熟期	73	タスク分析	159
精神コスト	156	ダダイズム	18
成長期	71	田中一光	104
製品管理	14		
製品重視のデザインマーケティング	15	**ち**	
製品マップ	133	知的財産権	40, 84
製品ライフサイクル	4, 5	チャレンジャー	65
制約条件	132	中核（的な）ベネフィット	81, 115
世界デザイン会議	46	抽象芸術	19
セグメンテーション	142	直感的なインタフェースデザイン	
設計の知識	131		111, 217
ゼネラルモーターズ	30		
セマンティックプロフィール	175	**つ**	
潜在ニーズ	147	使い勝手	212
戦略的経験価値モジュール	118	使いたくなるインタフェースデザイン	219

て

Ｔ型フォード	30
テクノロジープッシュ・イノベーション	129
デザイン	2, 30
デザイン経営	137
デザインコレクション	46
デザイン思考	28, 124
デザイン主導の開発	84
デザイン・ドリブン・イノベーション	128
デザインによる囲い込み	116
デザインを否定したデザイン	106
デ・デザイン（デザインしない）	76
デ・マーケティング	70

と

ドイツ工作連盟	21
同質化のデザイン戦略	60
ドラッカー（ピーター・ドラッカー）	55
トレンド	64
トレンド分析	26

な

長町三生	78
ナギ（モホリ・ナギ）	23
ナチュラルユーザインタフェース	218

に

肉体コスト	156
二重接面理論	208

ニーズ	27
ニッチャー	65
日本インダストリアルデザイナー協会	39
日本人の美意識	107
日本宣伝美術協会	45
日本的な美意識	105
日本デザインコミッティー	45
人間中心のデザインマーケティング	15
人間の論理	105
人間を中心にデザインを発想	125
認知情報処理モデル	208
認知的なインタフェース	206
認知的不協和理論	77
認知評価構造	179, 185
認知部位	178
認知モデル	208

ね

ネオプラグマティズム	18

の

ノーマライゼーション	97
ノーマン	196

は

バウハウス	21
破壊的（な）イノベーション	115, 128
パーソナル・コンストラクト理論	176

ハッセンツァール	196	ブランド管理	15
バーティカル・マーケティング	73	ブランド・マーケティング戦略	86
バリアフリー化	102	プリクラ	120
バリューイノベーション	58	ブルー・オーシャン	58
バリューシナリオ	134	フルラインナップ体制	33
反体制商品	107	フレーム問題	193
バンドワゴン効果	68	ブロイヤー	22
		プロダクトアウト	26
ひ		プロダクトデザイン	2
ピカソ	16	プロダクトマップ	143
否定の美学	90	プロダクトライフサイクル	5, 71
美的ユーザビリティ効果	212	プロトタイプ思考	88, 110, 126
美の民主化	44	プロフィール	90
ピューリスム	20		
評価グリッド法	162, 177	**へ**	
表現のデザイン	210	ベースドメイン	209
標準化	23	ペーパープロトタイプ	88
		ペルソナ・シナリオ手法	134
ふ			
ファーストペンギン	113	**ほ**	
ファッド	63	ポジショニング	143
フィードバック	212	ポジショニング分析	199
フォード	30	ホットモック	88
フォービスム	18		
フォロワー	65	**ま**	
フツーラ	22	マクレランドの氷山モデル	147
物理的なインタフェース	206	マクロ環境	168
物理量	131	マーケットイン	26
ブーム	64, 70	マーケット・エデュケーション（市場の	
プライベートブランド	104	教育）	91

マーケット・クリエーション（市場創造）
91
マーケットプル・イノベーション　129
マーケティング　3, 30
マーケティング 1.0　12
マーケティング 2.0　13
マーケティング 3.0　12, 13
マーケティング活動　6
マーケティングコミュニケーション・
　マトリックス　148
マーケティングの定義　4
マーケティングプロモーション　148
マーケティング・マイオピア　57
マーケティングマインド　49
マーケティング・マネージメント　3
マーケティング・ミックス　34
マーケティング・リサーチ　3, 26, 140
真野善一　39
幻の技術者（Missing technician）
38

み

ミクロ環境　168
見た感じ使いやすそうなデザイン　215
ミニマルデザイン　77, 116
未来派　18
民芸運動　45

む

無意識　151

無印良品　104

め

メイス（ロナルド・メイス）　97
メンタルモデル　209

も

モデルチェンジ　30, 32
モノの消費からコトの消費へ　94
物の豊かさから心の豊かさへ　94
モリス（ウィリアム・モリス）　20

や

野獣派　18
柳宗理　38
柳宗悦　45

ゆ

有用性　126, 213
ユーザーエクスペリエンス　130
ユーザーエクスペリエンスデザイン
130
ユーザーエクスペリエンスの期間　197
ユーザーエクスペリエンスの分析法
196
ユーザー行為の 7 段階モデル　208
ユースフルネス　212
ユーティリティ　213
ユニバーサルデザイン　28, 97

よ

要素還元主義	16
4C	6, 7
4P	7
4P 理論	5, 12

ら

ラインナップ戦略	30
ラダーアップ	181
ラダーダウン	181
ラダリング法	161
ラテラル・マーケティング	74
ラフ集合	182
ラムス（ディーター・ラムス）	25
ランチェスター戦略	82

り

リカーリングモデル	121
リーダー	65
立体派	17
リピーター	129
リフレーミング	60
流行	34, 83
流線型デザイン	34
リレーションシップ・マーケティング	
	10

れ

レッド・オーシャン	58
連想法	159

ろ

ローウィ（レイモンド・ローウィ）	35
ローエ（ミース・ファン・デル・ローエ）	
	25
ロックイン	117
ロングライフ製品	99
ロングライフのデザイン	44
論理思考	125

わ

ワクワク系マーケティング	168
ワン・トゥー・ワン・マーケティング	10

〈著者紹介〉

井上 勝雄（いのうえ かつお）

1978年千葉大学大学院工学研究科修了。同年三菱電機（株）に入社。2000年同社デザイン研究所インタフェースデザイン部長を経て、2002年広島国際大学教授、2018年より（株）ホロンクリエイト研究顧問、現在に至る。博士（工学）、認定人間工学専門家、専門社会調査士。感性工学およびラフ集合を用いたデザイン評価・設計論、インタフェースデザインに関する研究に従事。
編著書に『インタフェースデザインの教科書』（丸善出版）、『デザインと感性』『ラフ集合の感性工学への応用』（共に海文堂出版）、他多数。日本デザイン学会研究奨励賞、日本感性工学会出版賞、日本知能情報ファジイ学会著述賞を受賞。日本デザイン学会名誉会員。

ISBN978-4-303-72722-2

デザインマーケティングの教科書

2019年10月25日　初版発行　　　　　　　　　Ⓒ K. INOUE 2019

著　者　井上勝雄　　　　　　　　　　　　　　　　検印省略
発行者　岡田雄希
発行所　海文堂出版株式会社

　　　　　　本社　東京都文京区水道2-5-4（〒112-0005）
　　　　　　　　　電話 03(3815)3291㈹　FAX 03(3815)3953
　　　　　　　　　http://www.kaibundo.jp/
　　　　　　支社　神戸市中央区元町通3-5-10（〒650-0022）
日本書籍出版協会会員・工学書協会会員・自然科学書協会会員

PRINTED IN JAPAN　　　　　　　印刷　東光整版印刷／製本　誠製本

JCOPY　＜(社)出版者著作権管理機構　委託出版物＞
本書の無断複写は著作権法上での例外を除き禁じられています。複写される場合は、そのつど事前に、(社)出版者著作権管理機構（電話 03-3513-6969, FAX 03-3513-6979, e-mail: info@jcopy.or.jp）の許諾を得てください。